ZHE JIANG NONG MIN XIN XIANG
CAO ZUO YU YING YONG

浙江农民信箱
操作与应用

浙江省农民信箱管理办公室 组编

中国农业科学技术出版社

图书在版编目(CIP)数据

浙江"农民信箱"操作与应用/浙江省农民信箱管理办公室组编.-北京：中国农业科学技术出版社，2015.11

ISBN 978-7-5116-2290-7

Ⅰ.①浙… Ⅱ.①浙… Ⅲ.①信息技术-应用-农业-浙江省 Ⅳ.①S126

中国版本图书馆CIP数据核字（2015）第230062号

责任编辑 闫庆健 范 潇
责任校对 贾海霞

出 版 者 中国农业科学技术出版社
北京市中关村南大街12号 邮编：100081
电 话 （010）82106625（编辑室） （010）82109704（发行部）
（010）82109709（读者服务部）
传 真 （010）82106625
网 址 http://www.castp.cn
经 销 者 各地新华书店
印 刷 者 北京华正印刷有限公司
开 本 710mm×1 000mm 1/16
印 张 11.5
字 数 207千字
版 次 2015年11月第1版 2015年11月第1次印刷
定 价 28.00元

序

党的"十八"大报告明确指出:"坚持走中国特色新型工业化、信息化、城镇化、农业现代化道路,推动信息化和工业化深度融合、工业化和城镇化良性互动、城镇化和农业现代化相互协调,促进工业化、信息化、城镇化、农业现代化同步发展。"信息化是当今世界发展的大趋势,是推动经济社会变革的重要力量,信息化发展水平已成为衡量现代化程度的重要标志。没有农业的信息化,就没有农业的现代化,农业信息化对于推进"四化同步"、发展现代农业意义深远,影响重大。信息技术的迅速发展及全面渗透为我国农业发展提供了新机遇。

浙江省委省政府一直以来将农业信息化作为"三农"工作的重要内容,切实加强了建设。早在2005年就在全国首创、实施了"百万农民信箱工程",建立起面向"三农"、集电子政务与商务、农技服务、办公交流于一体的公共服务信息平台——"浙江农民信箱"。经过10年的建设与发展,浙江农民信箱系统已建成以"云平台"为支撑,以浙江农民信箱V3.0电脑版、"掌上农民信箱"手机版为终端,汇聚了276万真姓实名注册用户,其中,普通农民用户184万,各类涉农企业、合作社等农业经济主体用户17万,涉农科技、管理、服务人员32万人;日点击量超200万次;年均发送信件9亿封、短信6亿条次;累计发送"每日一助"农产品供求服务短信7.4万条;建立万村联网新农村网站26 457个,占全省行政村总数的90%以上;同时建立起覆盖全省、横向到边、纵向到底的农民信箱联络体系，初步构建起农民网上社会。从而有效推进了信息资源共享和信息进村入户，促进了农产品产销对接，提升了防灾抗灾预警能力，加强了各级政府与农民群众沟通，成为浙江省农业信息化发展的重要抓手，成为全国农业信息化建设的重要标志。值得指出的是，根据农民实际服务需求，浙江农民信箱系统已于2015年初完成了第三版升级改造并投入实际使用，受到了各方好评，为浙江农民信箱建立十周年献上一份厚礼，也为再创辉煌奠定了扎实基础。

下一阶段，浙江省将根据“干在实处永无止境，走在前列要谋新篇”的遵循，围绕将浙江农民信箱系统打造成为全省农业农村信息化主入口的建设目标，按照“吸引用户、服务客户”的建设主旨，以国家农村信息化科技示范省和全国信息进村入户试点省两项建设为载体，紧扣农民信息服务需求，不断拓展服务领域，完善服务功能，创新服务模式，应用新的服务手段，加强农民信息化培训，确立农民信息化意识，全面提升系统精准服务效能，努力提高农业信息应用水平，为支撑和引领农业转型升级、现代农业发展和农民增收，再作新贡献。

王建跃

浙江省农业厅党组成员、副厅长

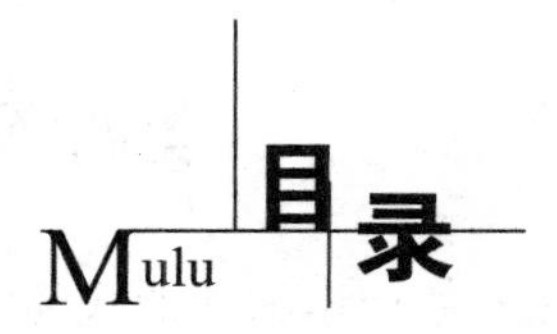

第一章　浙江“农民信箱”系统概况

一、建设背景及思路 …… 1
二、总体目标及任务 …… 1
三、系统主要特色功能 …… 2
四、系统优势 …… 3

第二章　浙江“农民信箱”系统应用指南

一、用户基本操作专区 …… 5
二、农业咨询平台专区 …… 87
三、公共政务平台专区 …… 99
四、商务服务平台专区 …… 103
五、系统管理维护专区 …… 114

第三章　浙江省“万村联网工程”管理指南

一、系统简介 …… 144
二、新版本更新介绍 …… 145
三、村级信息员操作指南 …… 150

四、管理员操作指南…………………………………………………………… 152
五、“万村联网工程”常见问题………………………………………………… 158

第四章　浙江“农民信箱”常用问答

一、如何申请注册成为浙江“农民信箱”用户？………………………… 162
二、如何登陆浙江“农民信箱”？ …………………………………………… 162
三、为什么第一次登陆一定要修改账号信息？………………………………… 162
四、忘记账号密码该怎么办？ ………………………………………………… 163
五、如何修改个人信息？……………………………………………………… 163
六、用户离开计算机一段时间，回来重新操作，系统跳到登入界面？ … 163
七、如何发送买卖信息？ …………………………………………………… 163
八、如何查看买卖信息？ …………………………………………………… 164
九、如何使用掌上“农民信箱”？掌上“农民信箱”有什么基本功能？… 165
十、“每日一助”是怎么回事？如何申请？ ………………………………… 165
十一、“每日一助”服务发布信息要收费吗？ ……………………………… 165
十二、系统使用过程中遇到问题，需要帮助怎么办？ ……………………… 166

第五章　浙江“农民信箱”应用实例

一、“农民信箱”——农民朋友的“空中信息库” ………………………… 170
二、浙江“农民信箱”助推采摘游成效斐然………………………………… 171
三、“农民信箱”“每日一助”助推乡村经济………………………………… 172
四、“农民信箱”让农民笑颜常驻 …………………………………………… 173
五、“农民信箱”为莲都仙渡桃花节营销造势助农增收…………………… 176
六、青田农业信息化推荐年货产品尽显风采………………………………… 177

第一章　浙江“农民信箱”系统概况

一、建设背景及思路

自2005年浙江省政府启动实施“百万‘农民信箱’工程”以来，浙江“农民信箱”边发展边完善边提高，不断拓展服务领域，强化信息服务，受到各级政府和广大农民群众的好评。现系统拥有276万注册用户，建立了农机、粮油、畜牧等5个专业平台和28个农产品供求专场，累计发送信件27亿封、短信25.9亿条，日点击量200万次，基本构筑起信息真实、诚信可靠、方便实用的网上农民社会。但是，系统自2007年升级后，基本维持现状，系统功能和服务内容已不能满足涉农用户日益增长的信息化需求。而且由于受当时信息化技术条件等因素的制约，近年来新增的系统功能难以完全实现，甚至影响主平台整体的运行效率，也未能与智能手机、平板电脑等移动终端兼容，农产品电子商务应用严重滞后，无法有效带动农业主体和广大普通农户。随着2013年“农民信箱”“云平台”的建成，用户承载量可达到500万人以上，同时在线5万人以上，可支持“农民信箱”三大基础应用体系、10个专业平台同时运行，为“农民信箱”系统重新架构奠定了良好的硬件基础。为进一步拓展“农民信箱”服务功能，提高运行效率，经充分调研，2014年浙江省农民信箱管理办公室对“农民信箱”系统软件进行了一次全面的升级改版。

二、总体目标及任务

恪守公益服务宗旨，以“吸引用户、服务用户”为主旨；以注册用户服务需求为核心；以信息服务为主线；以“以用促建”为原则，全面升级“农民信箱”软件系统，全力打造公共信息服务、农产品电子商务、农业资源信息管理等三大平台，深化应用内涵，拓展服务范围，延伸信息产业链，优化服务品质，逐步建成浙江省农业信息综合应用的用户主入口，实现服务对象、服务内容、服务功能、服务形式全面深化，努力提升农民网上社会建设水平，为推进信息服务与现代农业同步发展夯实基础。

总体目标主要有以下6个。

（1）内容更丰富：整合信息资源，加强数据利用，充实完善公共基础服务、农业咨询服务和农产品商务等内容。

（2）服务更有效：合理区分服务对象，突出资源分配个性化和信息服务扁平化，提升管理服务效率。

（3）操作更便捷：完善网上系统平台，开发掌上“农民信箱”，尽力做到界面美观、功能直观，改善用户体验。

（4）层次更鲜明：完善用户体系，全面吸收涉农管理、技术、服务用户，重点发展农产品消费群体和农业主体用户，实行用户分级管理。

（5）技术更完善：采用当前主流技术，重组系统结构和数据，改进短信平台，科学、合理布局功能板块。

（6）运行更稳定：通过系统软件的升级完善和运维机制的建立健全，提升安全性、稳定性和运行速度。

三、系统主要特色功能

系统集成公共政务服务、农业咨询服务、商务信息化服务、掌上“农民信箱”、专业信息管理平台、信箱服务和管理等七大类27项内容。广大农民可以通过信箱在网上互动交流，快速、便捷、免费地获取各种信息服务。海量信息“一网打尽”。

（1）短信与信箱互动：信箱邮件通过手机短信即时回复，重要邮件添加收藏长期保留，待办信件自动提醒处理或回复。

（2）自主订阅信息：用户可自主订阅感兴趣的分类农业信息，系统提供个性化信息服务，减少无效信息发送，提升信息利用效率。

（3）管理多重身份：多重身份用户无需管理多账号，一个账号一次登录就可切换不同身份权限，解决一人多职务问题。

（4）公共政务服务：提供开放的公共政务信息资源，用户可查看各地区的综合信息，“各地动态”“政策文件”“‘三农’典型”“多方关注”“工作简报”一览无遗。

（5）农业咨询服务：开放农业咨询平台，完善农业知识库，集成农业产业技术创新与推广服务团队资源，农民直接与专家交流互动。

（6）农产品商务平台：整合“农民信箱”商务信息资源，积极推介浙江省名特优新农产品，培育发展农产品网上在线交易。

（7）“我的工作圈”：随时随地发布和上传个人信息，随时随地办公记事，与手机进行完美整合互动。

（8）掌上“农民信箱”：手机下载安装“农民信箱”移动智能终端应用软件，整合适合手机及平板应用的农业信息和服务，信箱资源，一手掌握。

四、系统优势

（一）安全可靠的平台架构

新版“农民信箱”基于业内领先的微软.NET平台进行构架，底层数据库采用Oracle 11g。系统采用分层架构进行构建，系统设计灵活、负载量大，设计用户规模500万以上，同时在线用户5万以上，并可根据硬件资源规模进一步提升，可保证千万级用户量的支持。系统引进了当前先进的云计算技术，实现了系统整体资源的自动分配及大数据信息并行处理。系统中关键信息采用成熟的DES3算法和随机数序列加密相结合的方式，并结合数字签名认证体系，保护了用户的信息安全。

（二）真实可靠的实名制体系

新版“农民信箱”以用户实名注册与管理系统为核心，平台的所有用户以实名制注册，为确保用户信息真实可靠，用户资料真实完整，确保系统内所有用户的完全实名制，系统增设了管理员审核机制，对于自助注册的实名用户需进行严格审核，创造了一个完全真实的互联网社会群体的构筑方式。

（三）种类多样的信息分类体系

新版“农民信箱”中信息的分类密切结合各个农业领域专家的特点，其中实名代表用户信息类型分为农民、专家、联络员3种类型；农民作为一般用户，专家根据不同的农业领域划分，每种领域安排一位或几位联络员搭建农民与专家之间的信息交流。通过丰富的信息分类，全面地覆盖了各领域的信息分类，为信息的精确投放奠定了基础。

（四）简洁易用的操作界面

新版“农民信箱”通过合理的软件界面编排、树形地区导航、信息常用语预设、快速帮助提示、常用问题解答等手段，使文化素质较低、硬件基础设施不全的边远地区农民用户也能流畅使用系统，解决了直接面向最终农民用户的互联网应用问题。

（五）严格的系统管理体系

新版“农民信箱”中所有实名用户由国家、省、市、县（市）、乡（镇、街道）、村各级行政部门的分级管理，建立系统的联络管理体系和信息发布通过审核的方法，确保信息的合法性和真实性，解决了当前互联网上各大电子商务系统所未能解决的网上诚信问题，创造了电子商务系统的诚信管理模式。新版“农民信箱”中的管理功能只对部、省、市、县四级系统管理员开放，系统管理员按地区有严格的层次关系，按照“上可看下，同级不看”的管理原则进行管理，各级别管理员只能在本地区及其下属地区范围内进行一系列系统管理操作，系统通过内部安全机制，严格限制越权操作。浙江省的成功建设实践表明，此管理体系可以极大地提升全国性大型政府信息系统的管理水平，避免了以往政府信息管理中的工作难点，是一个符合当前农民网上社会的信息管理体系。

（六）畅通的工作联络体系

新版“农民信箱”建立纵向为省、市、县、乡、村，横向实名联络体系。省建联络总站，市建联络分站，县建联络支站，乡镇建联络站，行政村建联络点，各级涉农部门建联络室。实现省、市、县、乡联络站建立率100%。各地按照“场所共用、设备共建、人才共育、信息共享、管理统一”的办法，整合各个行政村信息服务资源，实现政府工作部门及职能在系统中的真实体现。

（七）标准规范的数据交换接口

新版“农民信箱”通过基于XML的标准数据交换格式，通过WEBSERVICE、XML、JSON等标准数据接口格式的应用，实现了浙江“农民信箱”系统上下行短信收发、APP数据交互、各类二级平台数据对接等系统接入及数据交换。

（八）牢固的系统安全保障体系

新版“农民信箱”通过网络系统安全、主机系统安全、操作系统安全、应用系统安全、数字签名体系、内部审核系统、数据安全体系、数据备份体系等保证系统各个层面的应用安全。

第二章　浙江“农民信箱”系统应用指南

一、用户基本操作专区

（一）用户登录入口

“农民信箱”平台只对“农民信箱”实名制注册会员开放，若是非实名制会员，需要升级为实名制会员后才可登录平台。功能集成在整个系统中，并根据登录用户的身份，自动判断是否具有部分功能的权限，若有，则在主菜单中显示功能菜单。

用户登录入口主要包括用户登录、信息维护找回密码、自助注册四大栏目。

1.用户登录

在浏览器地址栏输入域名：http://www.zjnm.cn/。如下图。

输入用户名和密码，点击“登录”按钮，即可登录浙江“农民信箱”平台。

2. 个人信息维护

（1）个人信息：用户初次登录浙江“农民信箱”平台，请务必核对并完善用户信息，同时修改用户默认密码，以提高账号安全性。务必核对手机号（通知等信息发送至预留手机号）。用户点击“个人信息维护”按钮，进入个人信息维护界面，可以上传个人头像，完善个人身份信息，如下图所示。

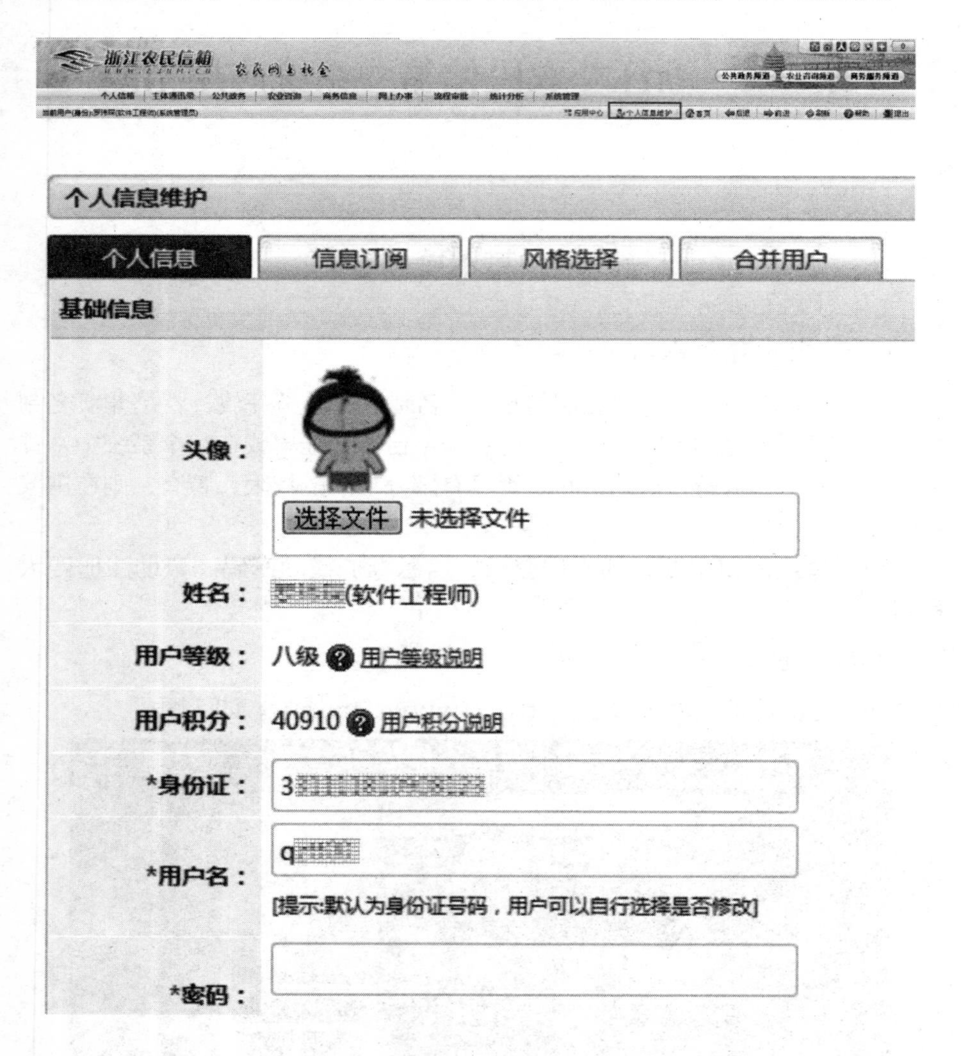

查看用户等级说明：本系统根据用户等级划分给予用户权限，用户需要

每天在平台上操作赚取积分来提升个人等级。个人等级与积分、平台使用权限密切关联，如下图所示。

用户等级与积分

lv.1	lv.2	lv.3	lv.4	lv.5	lv.6	lv.7	lv.8	lv.9	lv.10	lv.11	lv.12
0至500积分	500至1000积分	1000至1500积分	1500至5000积分	5000至10000积分	10000至20000积分	20000至40000积分	40000至60000积分	60000至90000积分	90000至120000积分	120000至150000积分	150000至200000积分

用户等级与平台相关功能使用权限

等级 \ 使用权限	邮箱总容量	邮件有效期	通讯录容量	待办事宜队列
Lv10-Lv12	5GB	永久	不限	不限
Lv7-Lv9	2GB	720天	800人	50条
Lv4-Lv6	800MB	360天	500人	30条
Lv1-Lv3	300MB	90天	300人	10条

查看用户等级积分：用户在此平台上的操作都可赚取积分，不同操作的悬赏积分也不同，具体的成长积分与每日积分，如下图所示。

成长积分

	完成手机验证（首次）	完成账号修改（首次）	完成密码修改（首次）	完成头像上传（首次）	信息订阅设置（首次）	资料完善	发送一次邮件（首次）	成功添加通讯录（首次）	合计
所有用户	50积分	50积分	50积分	50积分	100积分	150积分	25积分	25积分	500积分

每日积分

注：每日仅记录1次积分

自助申请身份：系统提供了“一账号多身份”功能，用户可以根据自身需求自助申请新身份。只需点击“申请新增身份”选项卡，进入身份添加页面，填写相关信息，如下图所示。

系统管理员1(主)　系统管理员2　申请新增身份

身份信息

身份别名：系统管理员1

用户类别：系统管理员

所属平台：农民信箱

邮件权限：系统管理员

添加身份

*所属地区：浙江省　选择

*所属平台：◉农民信箱 ○宣传平台 ○农机平台 ○粮油平台 ○畜牧平台

*身份类别：◉普通用户 ○机关工作人员 ○农业技术人员 ○林业技术人员 ○水产技术人员 ○其他涉农服务人员 ○专业合作社理事人员 ○种养专业户 ○营销专业户 ○普通农户 ○涉农企业人员 ○非农企业人员

补充角色：　选择

*邮件权限：◉二级用户 ○三级用户

固定电话：

所在单位：

住址：

邮编：

职称：○正高级 ○副高级 ○中级 ○初级 ○其它

确定　取消

（2）信息订阅：用户可根据需要订阅相关的服务信息，只需选择“个人信息维护”—“信息订阅”选项卡，在需要订阅的服务信息前勾选即可，如下图所示。

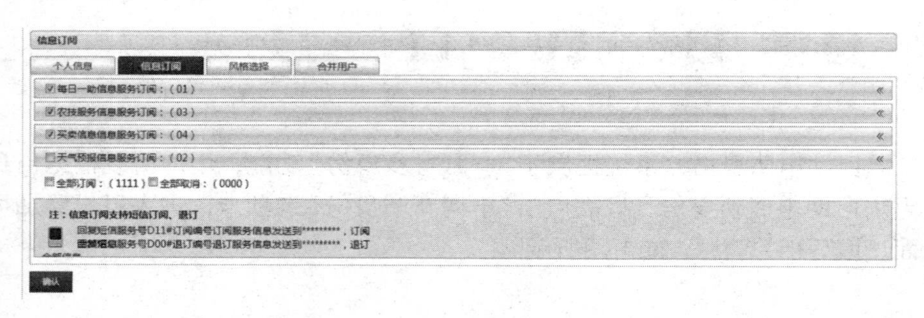

（3）风格选择：本系统为用户提供了3种界面风格，用户可根据个人喜好随意切换，如下图所示。

界面风格一：

登录页

登录后的首页

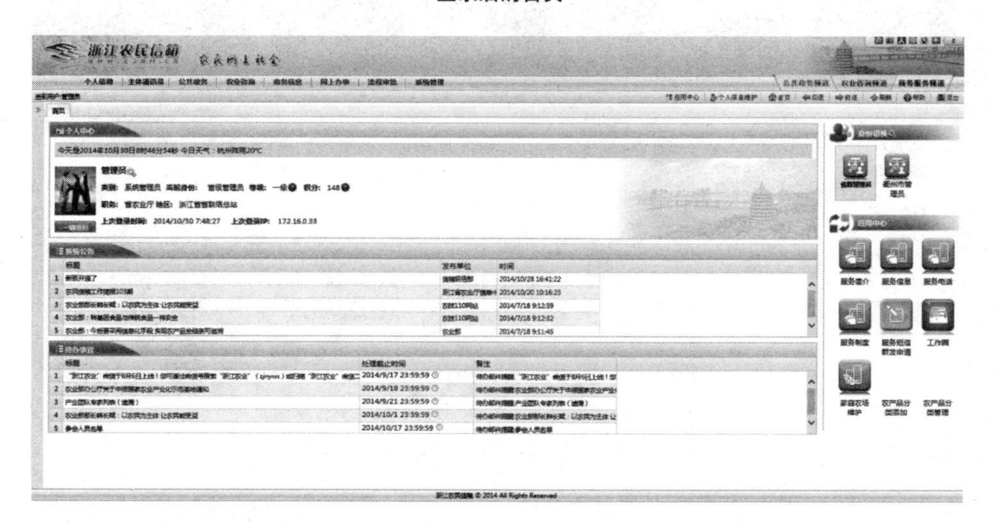

界面风格二：

登录页

登录后的首页

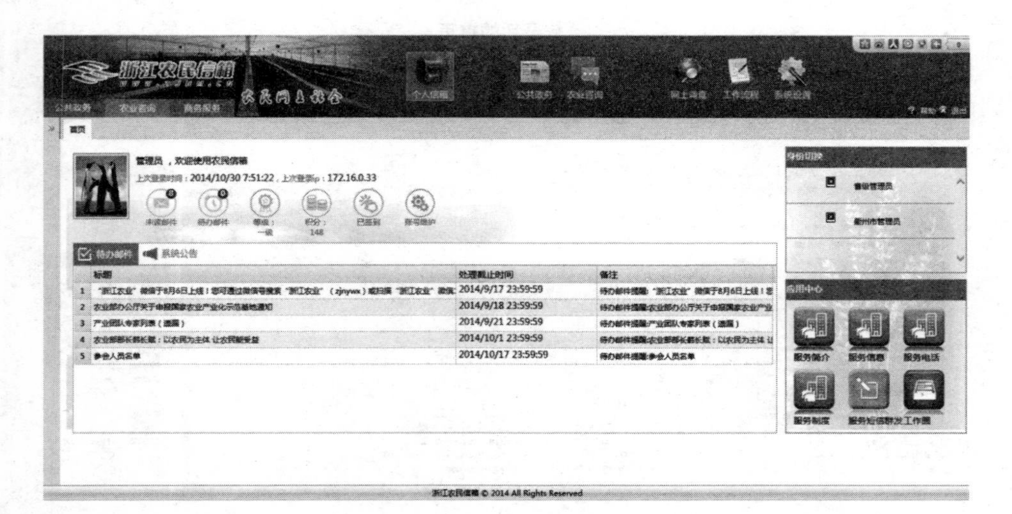

界面风格三：

登录页

浙江农民信箱
WWW.ZJNM.CN v3.0
农民网上社会
Public Administrative channel
Agricultural Consulting channel
Business service channel
用户名
用户密码
忘记登录密码?
登　录
自助注册
系统公告：>>农业部部长韩长赋：以农民为主体 让农民能受益 农技110网站 2014年7月18日 9:12:59
Copyright 2003-2010 zjnm.ALL Rights Reserved. 备案序号:浙ICP备05084988号
主办单位© 浙江省农业厅

登录后的首页

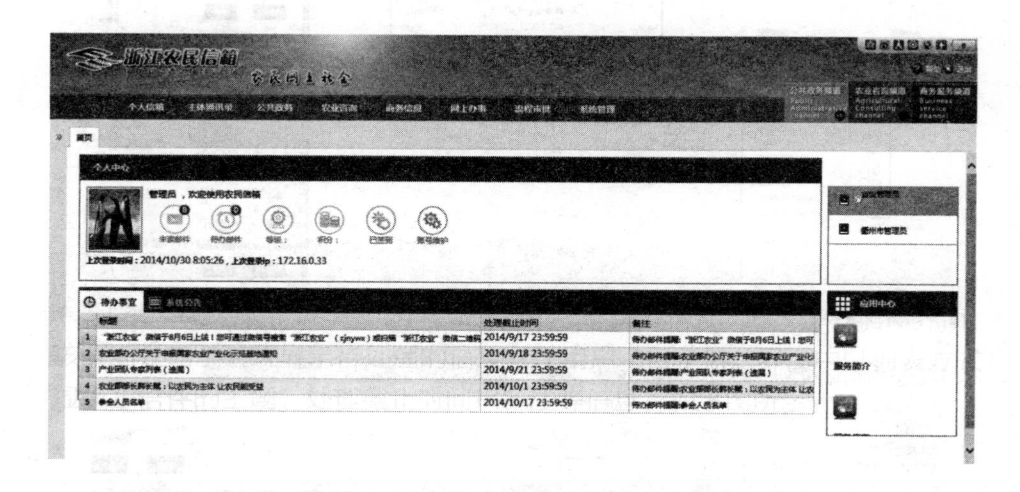

界面风格切换的功能分别在“界面风格一”的“个人信息维护”栏目下，“界面风格二”与“界面风格三”的“账号维护”栏目下，如下图所示。

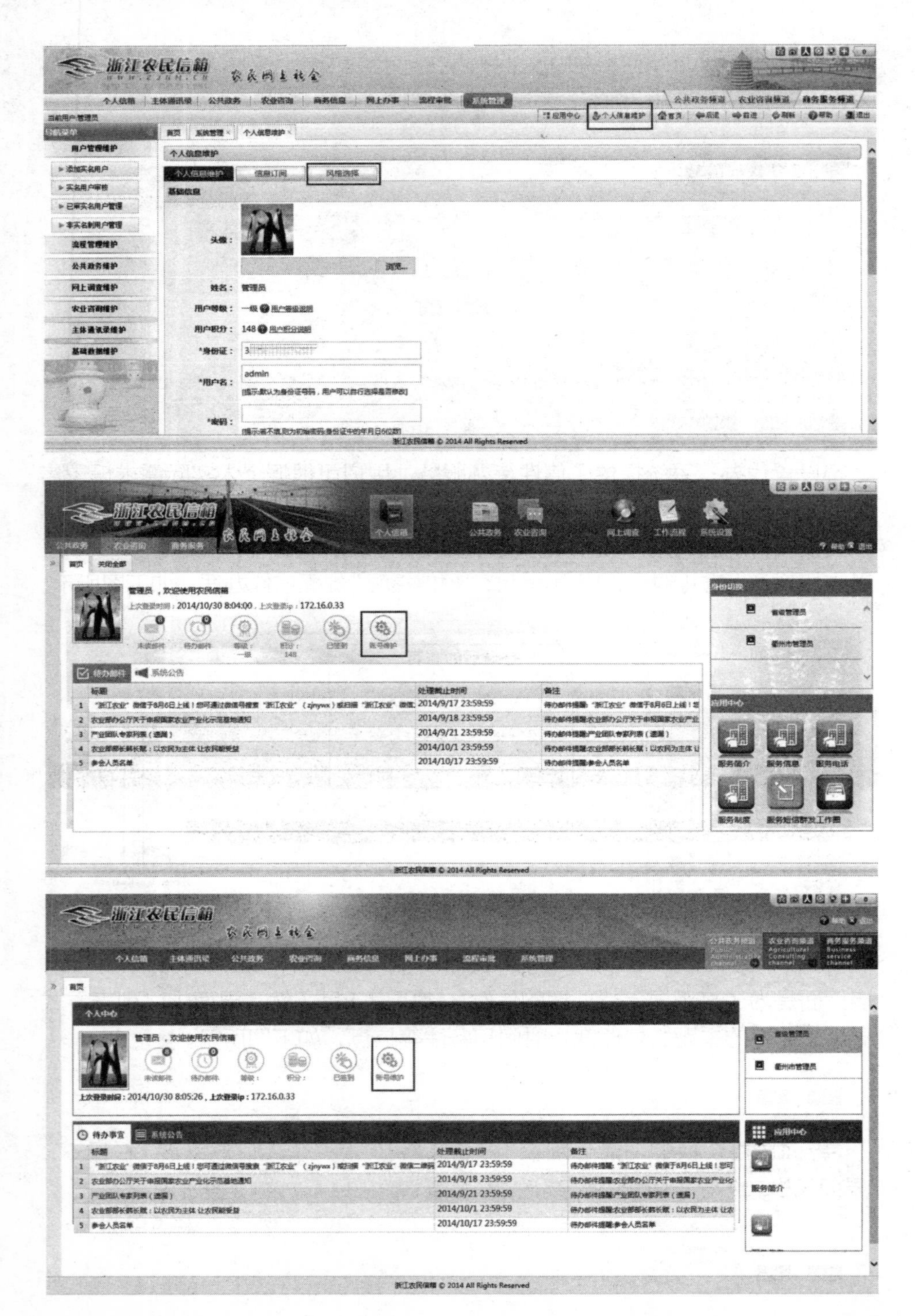
浙江农民信箱
农民网上社会
个人信箱
主体通讯录
公共政务
农业咨询
商务信息
网上办事
流程审批
系统管理
公共政务频道
农业咨询频道
商务服务频道
应用中心
个人信息维护
首页
后退
前进
刷新
帮助
退出
当前用户:管理员
导航菜单
用户管理维护
添加实名用户
实名用户审核
已审实名用户管理
非实名制用户管理
流程管理维护
公共政务维护
网上调查维护
农业咨询维护
主体通讯录维护
基础数据维护
首页
系统管理
个人信息维护
个人信息维护
信息订阅
风格选择
基础信息
头像：
浏览...
姓名：管理员
用户等级：一级 用户等级说明
用户积分：148 用户积分说明
*身份证：
*用户名：
admin
[提示:默认为身份证号码，用户可以自行选择是否修改]
*密码：
浙江农民信箱 © 2014 All Rights Reserved
个人信箱
公共政务
农业咨询
网上调查
工作流程
系统设置
帮助
退出
首页
关闭全部
管理员，欢迎使用农民信箱
上次登录时间：2014/10/30 8:04:00，上次登录ip：172.16.0.33
未读邮件
待办邮件
等级：一级
积分：148
已签到
账号维护
身份切换
省级管理员
衢州市管理员
待办邮件
系统公告
标题
处理截止时间
备注
1 “浙江农业”微信于8月6日上线！您可通过微信号搜索“浙江农业”（zjnywx）或扫描“浙江农业”微信
2014/9/17 23:59:59
2 农业部办公厅关于申报国家农业产业化示范基地通知
2014/9/18 23:59:59
3 产业团队专家列表（通稿）
2014/9/21 23:59:59
4 农业部部长韩长赋：以农民为主体 让农民能受益
2014/10/1 23:59:59
5 参会人员名单
2014/10/17 23:59:59
应用中心
服务简介
服务信息
服务电话
服务制度
服务短信群发工作圈
浙江农民信箱 © 2014 All Rights Reserved
个人中心
管理员，欢迎使用农民信箱
未读邮件
待办邮件
等级：
积分：
已签到
账号维护
上次登录时间：2014/10/30 8:05:26，上次登录ip：172.16.0.33
待办事宜
系统公告
省级管理员
衢州市管理员
应用中心
服务简介
浙江农民信箱 © 2014 All Rights Reserved

用户进入“个人信息维护”界面后，选择“风格选择”选项卡，如下图所示。

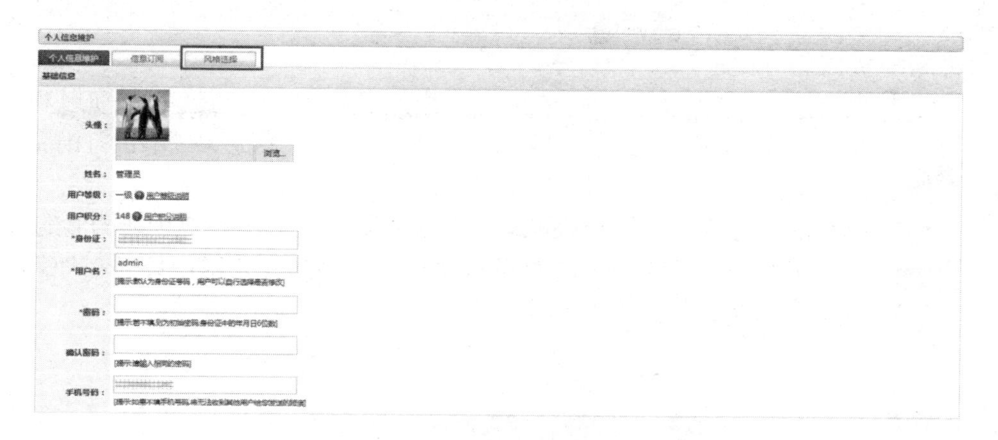

进入风格界面选择页面，用户只需点击“风格一”“风格二”“风格三”的单选按钮，点击“确定”即可完成界面风格切换，如下图所示。

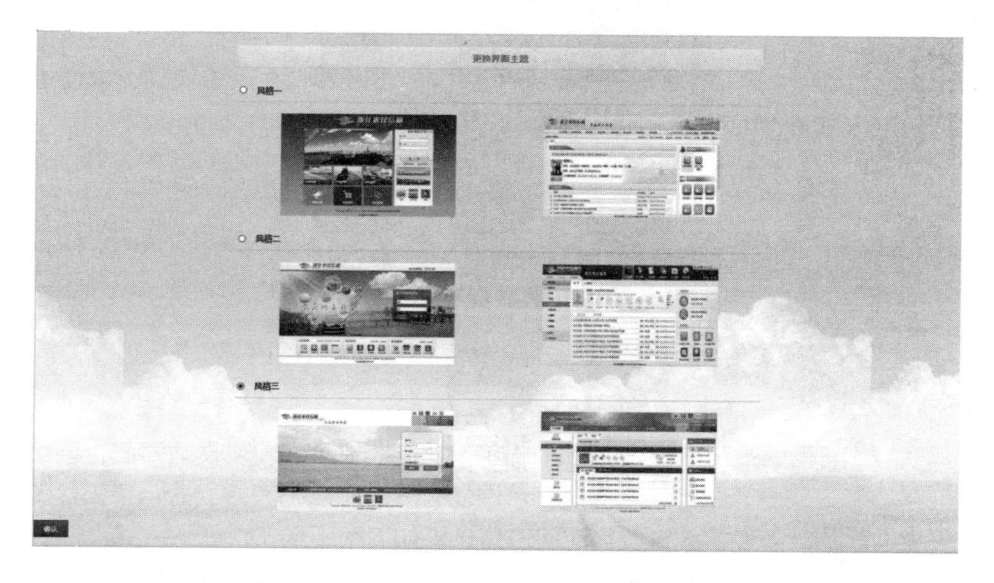

【注意】用户切换后的风格页面必须在退出系统后重新登录方可生效。

（4）用户合并：由于旧版“农民信箱”遗留的“一用户多账号”问题，新版“农民信箱”实行“一账号多身份”制，所以设立了该功能供用户合并账号。

用户只需登录其中一个账号A，将另外的账号B及密码在“合并用户”选项卡中输入，点击“确定”。即可完成两个账号的合并。

【注意】合并成功的账号在24小时后生效。

用户自主合并

个人信息 | 信息订阅 | 风格选择 | 合并用户

*账号：

*密码：

注意：1.要合并的两个账号必须都是系统中存在的实名制用户。2.合并后只保留当前登陆账号，另一个账号将被彻底删除，不可恢复。请谨慎操作！3.用户合并成功后，邮件以及通讯录将在次日生效。

确定

在24小时后，用户只需登录账号A，该账号中便会出现之前账号B的身份供用户切换使用，免去了需要重新登录的繁琐操作。用户只需在“首页”—“身份切换”板块进行身份切换即可。

3. 找回密码

当用户忘记自己的密码时，可通过系统的“找回密码”功能找回密码，但找回密码功能必须知道自己的登录账号、注册时的手机号码（密码发送至该手机号）。找回密码入口如下图所示。

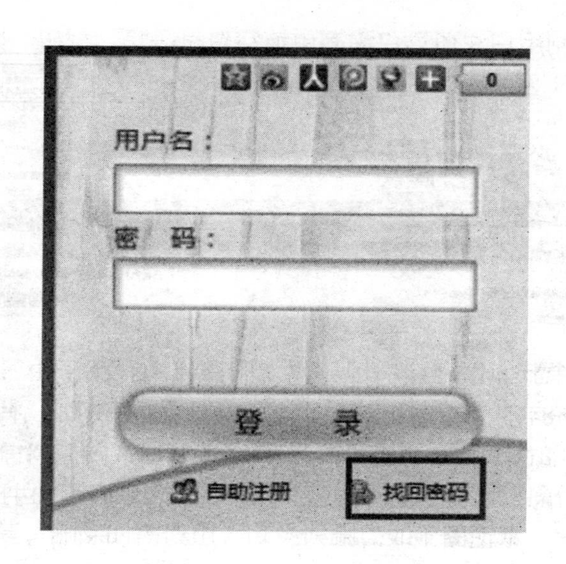

点击“找回密码”，进入“取回密码”页面，需要填写用户登录账号、手机号、相应的验证码，填写完毕后点击“取回密码”按钮，便会弹框显示“新密码已发送到您的手机，请稍后查收”，如下图所示。

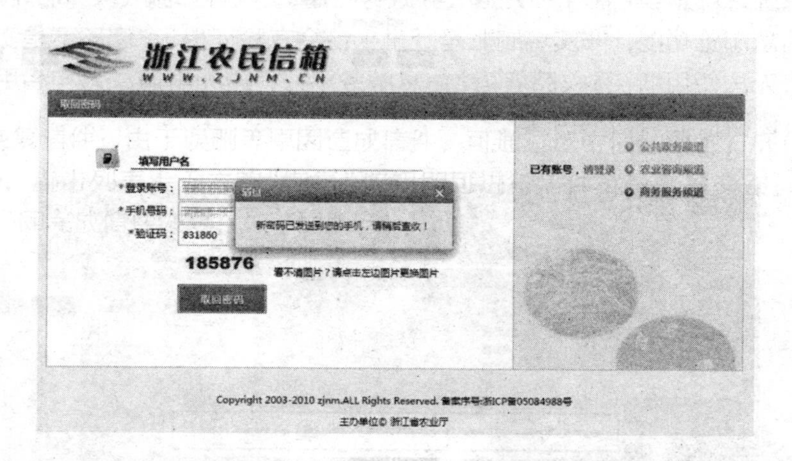

【提示】使用新密码登录系统后，进入“个人信息维护”，把新密码改成个人常用密码，以免忘记。

4. 自助注册

自助注册分为三大类：非实名用户注册、实名用户注册、升级为实名用户。

（1）非实名制用户注册：只需简单填写登录账号、密码、姓名、个人手机号码即可，如下图所示。

浙江农民信箱
WWW.ZJNM.CN
用户注册
实名注册用户　非实名注册用户　升级为实名用户
（请按照真实信息填写，带有*为必填项目）
*登录账号：
[提示:登录账号3-20个字符]
*密码：
[提示:密码由6-20个英文字母或数字组成]
*重复密码：
[提示:请再次输入密码]
*姓名：
[提示:姓名可为1-20个汉字]
*个人手机：
免费获取验证码　[提示:请输入你的手机号码]
验证码：
[提示:请输入验证码]
同意 “服务条款” 和 “隐私权相关政策”
立即注册
已有账号，请登录　公共政务频道　农业咨询频道　商务服务频道

系统只对非实名制用户开放公共政务频道、农业咨询频道、商务服务频道的信息浏览功能，非实名制账号登录平台会有验证提示“您还不是实名制用户，无法使用浙江‘农民信箱’信息服务平台，请先申请成为实名用户再访问，谢谢！”，如下图所示。

（2）实名用户注册：需要填写登录账号、身份证号、身份证电子文件、密码、姓名、个人手机号码，并且选择个人身份类型与所属地区。身份证号、手机号码务必填写正确，它们是唯一代表个人身份的凭证，个人手机需要收取验证码来协助注册。一个用户可根据实际情况申请多个身份属性，如下图所示。

浙江农民信箱
WWW.ZJNM.CN
用户注册
实名注册用户　非实名注册用户　升级为实名用户
（请按照真实信息填写，带有*为必填项目）
*登录账号：
[提示:登录账号3-20个字符]
*身份证：
[提示:请输入15或18位的身份证]
*身份证电子文件：添加文件 [请在添加附件后点击"上传文件"按钮]
*密码：
[提示:密码由6-20个英文字母或数字组成
*重复密码：
[提示:请再次输入密码]
*姓名：
[提示:姓名可为1-20个汉字]
*个人手机：
免费获取验证码 [提示:请输入你的手机号码]
*验证码：
[提示:请输入验证码]
身份属性1
*所属地区：杭州市　上城区　暂时无地区信息　暂时无地区信息
*身份类型：普通用户
添加身份属性　删除身份属性
同意 "服务条款" 和 "隐私权相关政策"
立即注册
已有帐号，请直接登录
用户注册流程示意图

身份属性1
*所属地区：杭州市　上城区　暂时无地区信息　暂时无地区信息
*身份类型：普通用户
身份属性2
*所属地区：杭州市　上城区　暂时无地区信息　暂时无地区信息
*身份类型：农业技术人员
身份属性3
*所属地区：杭州市　上城区　暂时无地区信息　暂时无地区信息
*身份类型：水产技术人员
添加身份属性　删除身份属性

（3）升级为实名用户：首先需要登录非实名账号，如下图所示。

浙江农民信箱
WWW.ZJNM.CN
用户注册
实名注册用户　非实名注册用户　升级为实名用户
请先登录非实名账号
登录账号：test1
密码：••••••
登　录
已有帐号，请直接登录
用户注册流程示意图
1. 填写注册用户信息
2. 系统管理员审核
3. 注册结果（短信通知）

登录后，页面跳至以下界面，用户需要填写身份证号，上传身份证电子文件，选择个人的身份类型和所属地区，根据验证码短信完成升级操作。

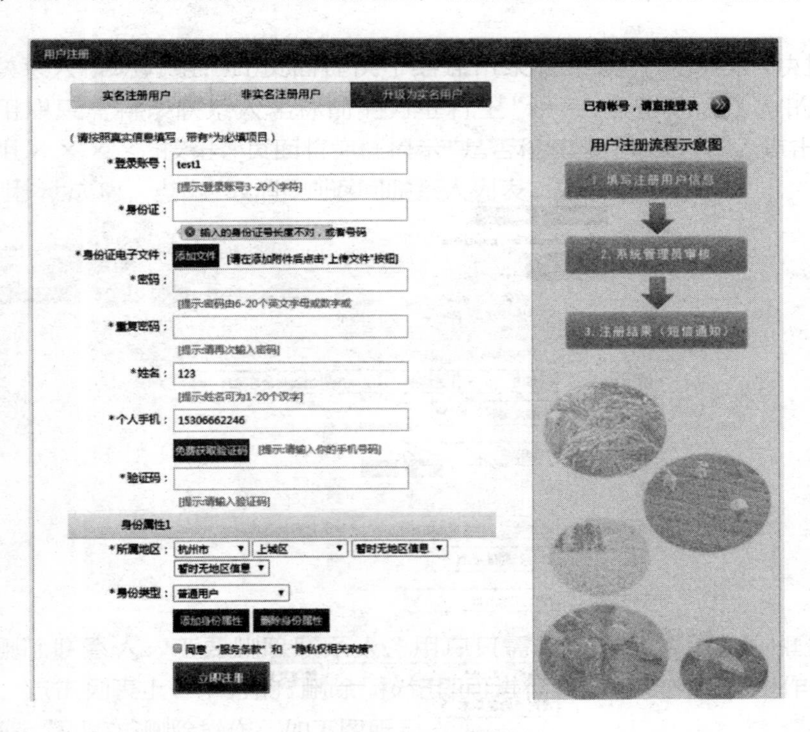

升级申请提交后的用户需要管理员审核通过后才可生效，凭用户名、密码登录平台。

（二）个人信箱

个人信箱主要分四项内容：我的邮箱、个人通讯录、工作日志、通知短信群发。

1. 我的邮箱

“我的邮箱”内容主要包括写信、看信、已发信件、待办信件、收藏夹、草稿箱、回收站七大块内容。

（1）写信：用户点击“我的邮箱”→“写信”，进入邮件编辑界面，如下图所示。

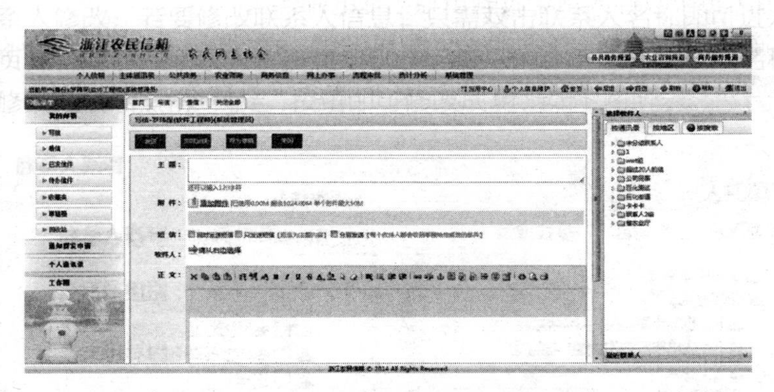

写信页面主要包含邮件主题、附件、是否附加短信、收件人的选择以及正文的输入。

邮件主题填写：该项为必填项，不填写则会出现验证提示，无法发送。

若发送的邮件有附件需要传送，只需点击“添加附件”按钮，选择要上传的文件，点击“打开”即可上传文件，如下图所示。

当上传进度达到100%后，用户可以继续添加附件，只要总大小不超过剩余的兆数即可。或者用户发现上传附件错误时，也可以点击附件对应的“删除”按钮删除附件，重新上传，如下图所示。

可勾选以下3种方式：同时发送短信、只发送短信（短信为主题内容）、分别发送（每个收件人都会收到单独给他的邮件）。

可通过3种方式选择收件人，按通讯录、按地区、按搜索选择收件人，只需勾选收件人前的复选框，可一次选择多个收件人，群发邮件，如下图所示。

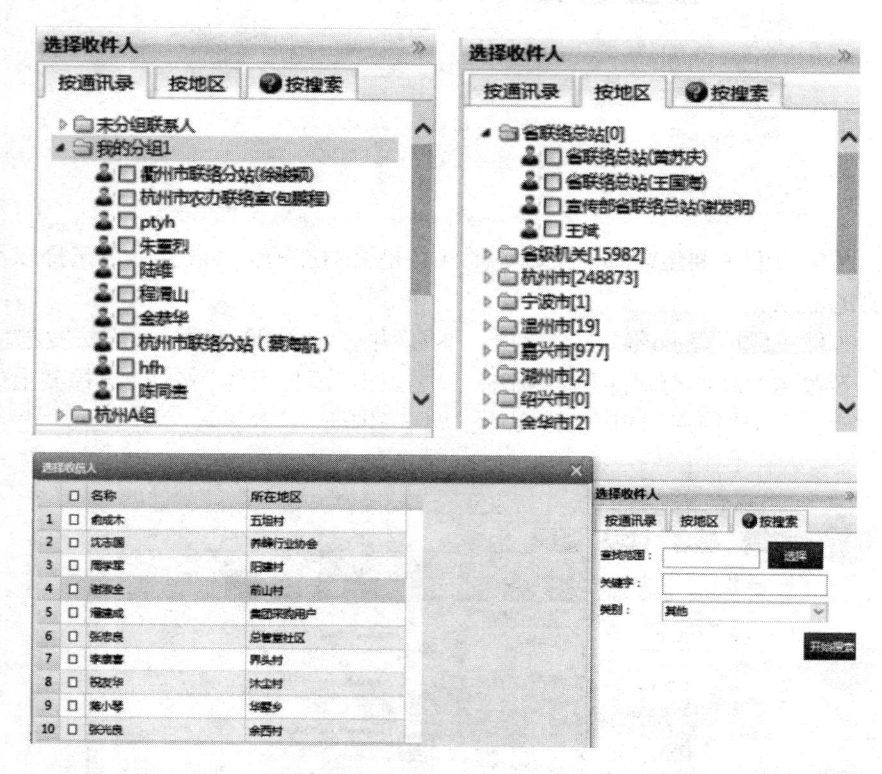

另外，系统还提供了“最近联系人”选择收件人，最近联系人一般为常用的联系人，只需单击“最近联系人”下的联系人名称，在收件人一栏会自动填上用户选择的收件人，如下图所示。

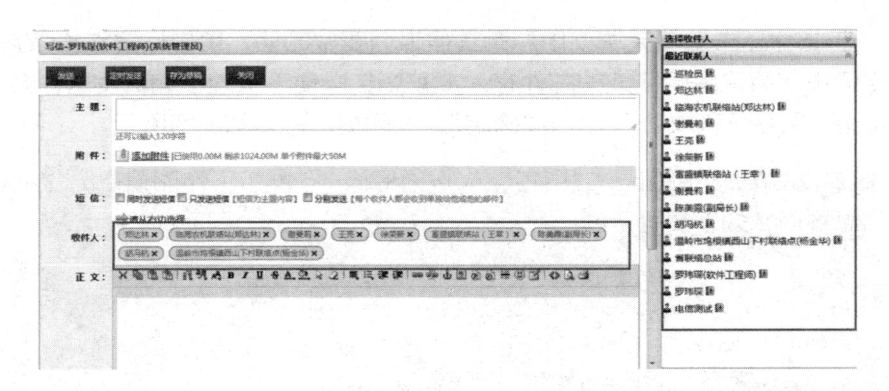

在正文一栏输入需要发送邮件的内容，也可使用WORD编辑器编辑文本内容，还可以上传图片内容丰富正文内容，如下图所示。

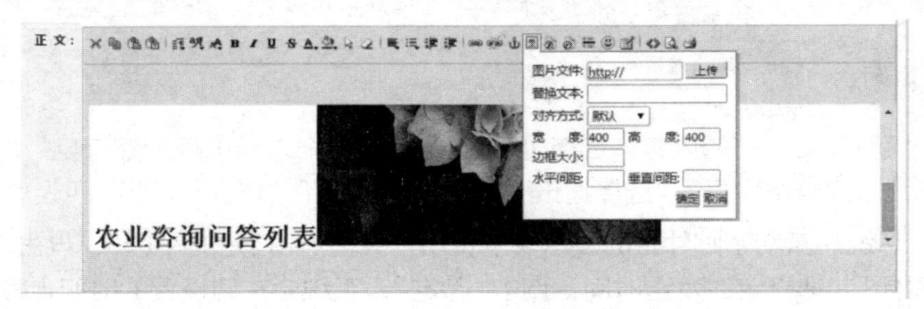

待以上内容都填写完毕，用户只需点击“发送”“定时发送”“存为草稿”“关闭”按钮进行邮件处理。

若邮件已经编辑完毕，可以实时发送，用户只需点击“发送”按钮，会弹框显示“发送成功”，点击“确定”，关闭提示框，如下图所示。

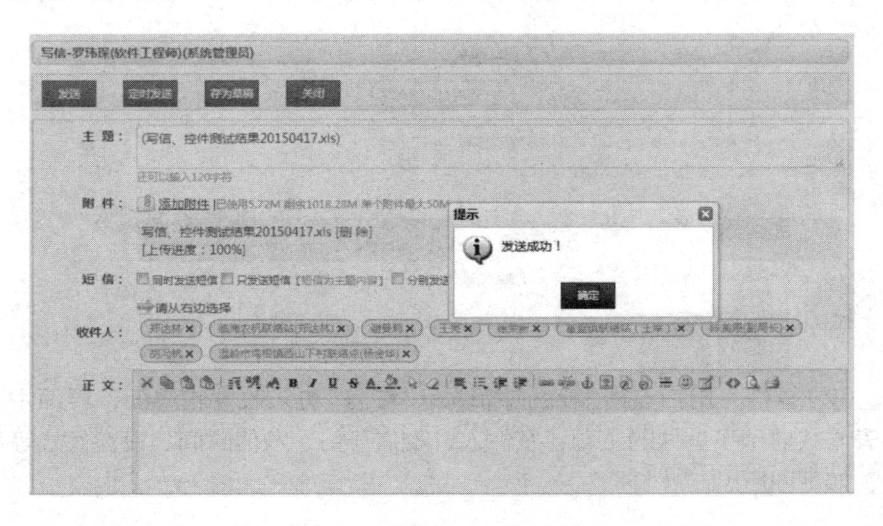

若邮件还未编辑完毕，用户有其他事情要做的话，用户只需点击“存为草稿”按钮将未编辑完成的邮件存入草稿箱，以便下次继续编辑发送，会弹框显示“保存草稿成功”。点击“确定”，关闭提示框，如下图所示。

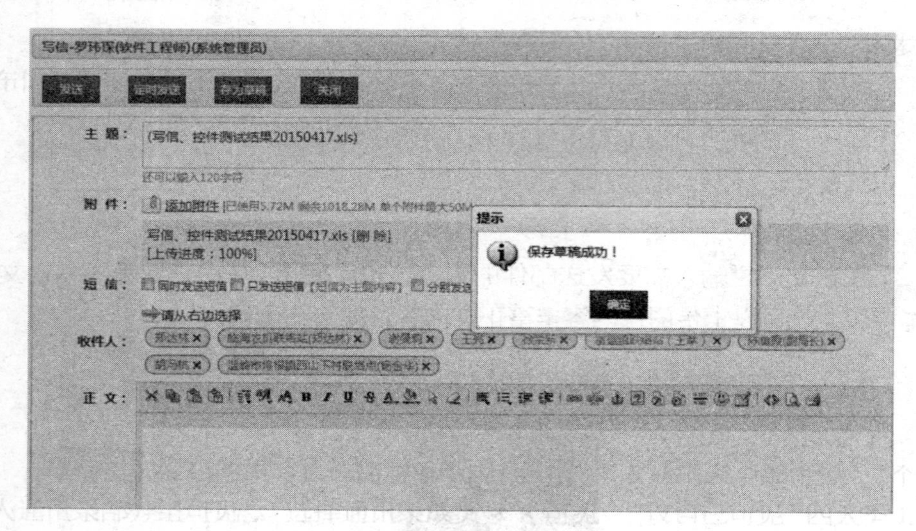

系统还新增了邮件定时发送功能，用户只需点击“定时发送”，点击“时间图标”，选择定时发送时间，点击“确定”，系统会在您设置的时间点发送该邮件，如下图所示。

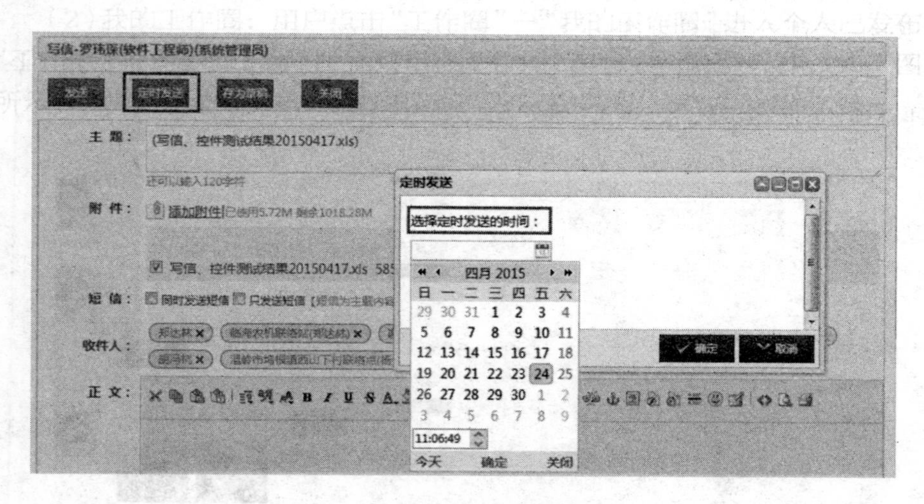

（2）看信：用户点击“我的邮箱”→“看信”进入收件箱界面，界面中以列表方式显示了信件的主题、发件人、收信身份、发信时间、设置代办等信息，如下图所示。

“每日一助”：看信页面最上方有“每日一助”动态显示框，方便用户看信时查看“每日一助”信息。

查看信件：点击收件箱的主题即可进入信件详细页面查看，有附件的信件，可下载附件至本机上查看附件内容。

查找信件：列表上方显示了条件搜索引擎，当信件数量很多时，可以利用该功能实现快速搜索，目前系统提供了按照“查看全部”“查看未读”“查看已读”“查看带附件”“查看含短信”几种下拉选择框的查找模式。管理员还可按信件主题的关键字进行模糊搜索，查找到指定的信件。

删除信件：由于系统内存有限，需要用户自行清理冗余的信件（若收件箱内存已满，则不接收新传送信件）。为保证内存充足可接受信件，用户只需将该信件前的方框打上“√”，点击列表上、下方的“删除”按钮即可进行信件批量删除操作。删除后的信件在回收站中可查找到，以便追溯。若确定一些信件不再需要或必须删除的，可以点击列表下方的“彻底删除”按钮即可进行信件批量删除操作，彻底删除的信件无法恢复，彻底删除时需谨慎。点击“确定”即完成删除操作，如下图所示。

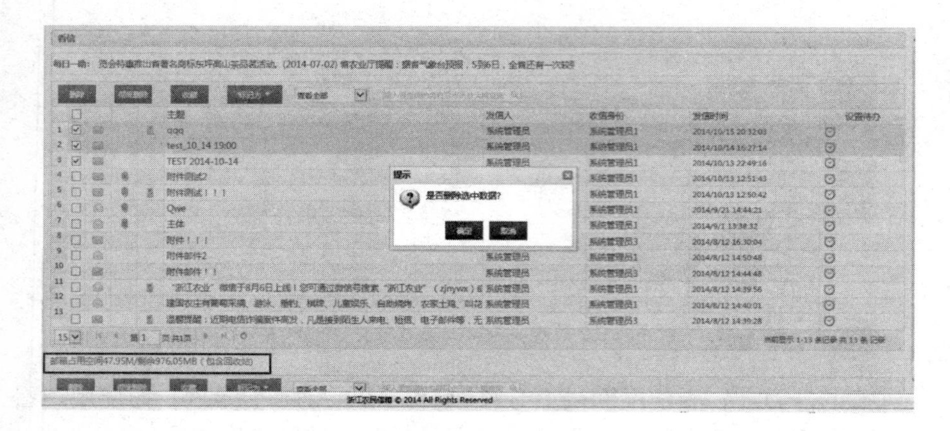

信件收藏：系统新增了信件收藏功能，方便用户根据个人需要收藏必要文件。只需将该信件前的方框打上“√”，点击列表上、下方的“收藏”按钮即可进行信件批量收藏操作。收藏成功后的信件在收藏夹中可查找到，方便用户查找，点击“确定”即完成收藏操作，如下图所示。

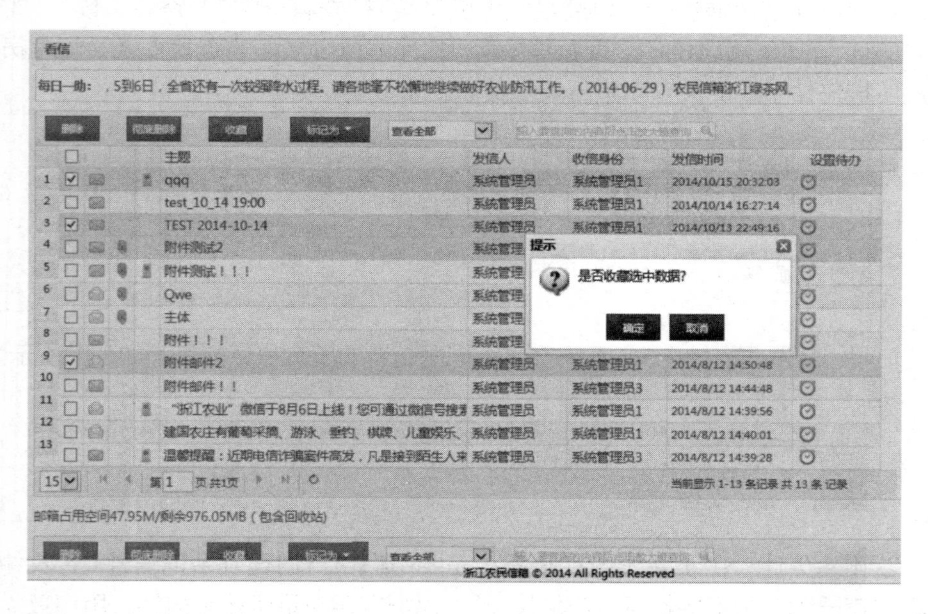

设置代办：系统提供了信件待办服务，用户可根据个人实际需求设置信件的办理时间，只需点击信件对应的设置待办图标，出现时间设置框，根据需要设置合理的时间办理信件。设置成功的待办信件在“待办信件”列表中可以查找到。为防止遗忘，用户可选择“短信提醒”提醒信件办理，如下图所示。

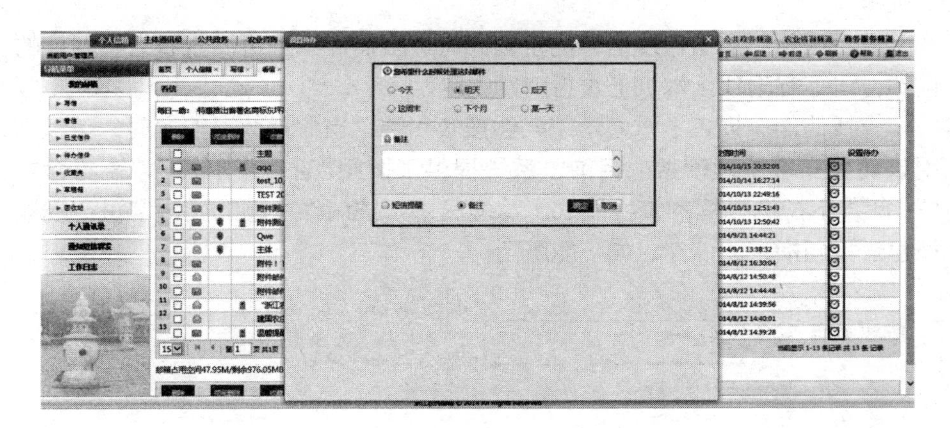

信件批量标记：用户可根据信件查看情况，批量标记已读或未读信件，只需将该信件前的方框打上“√”，点击列表上、下方的“标记为全部已读/未读”按钮即可进行信件批量收藏操作。黄色文件夹代表未读信件，灰色文件夹代表已读信件，如下图所示。

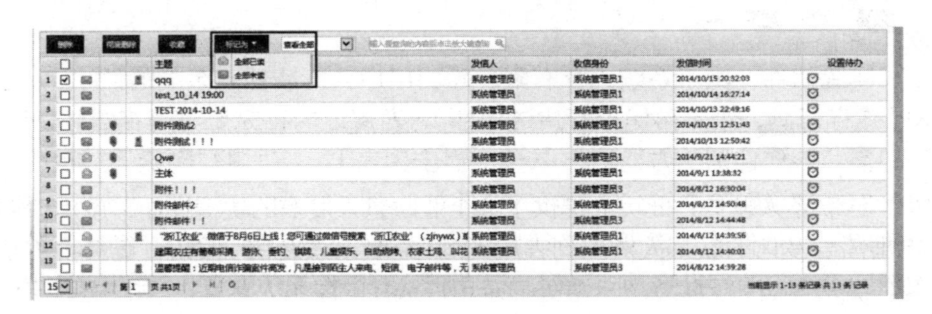

（3）已发信件：用户点击“我的邮箱”→“已发信件”进入已发信件界面，该页面是为了记录个人已发邮件数，界面中以列表方式显示了信件的主题、收信人、发信时间、设置代办等信息，如下图所示。

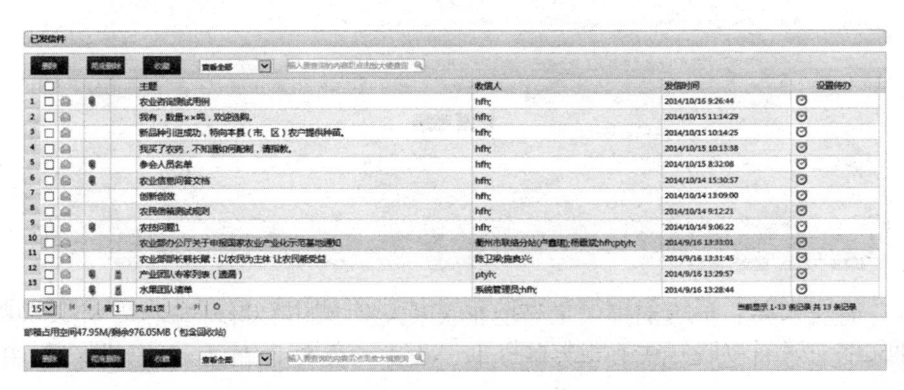

查看信件：点击已发信件的主题即可进入信件详细页面查看，有附件的信件，可下载附件至本机上查看附件内容。

查找信件：列表上方显示了条件搜索引擎，当信件数量很多时，可以利用该功能实现快速搜索。目前，系统提供了按照“查看带附件”“查看含短信”两种下拉选择框的查找模式。管理员还可按信件主题的关键字进行模糊搜索查找到指定的信件，如下图所示。

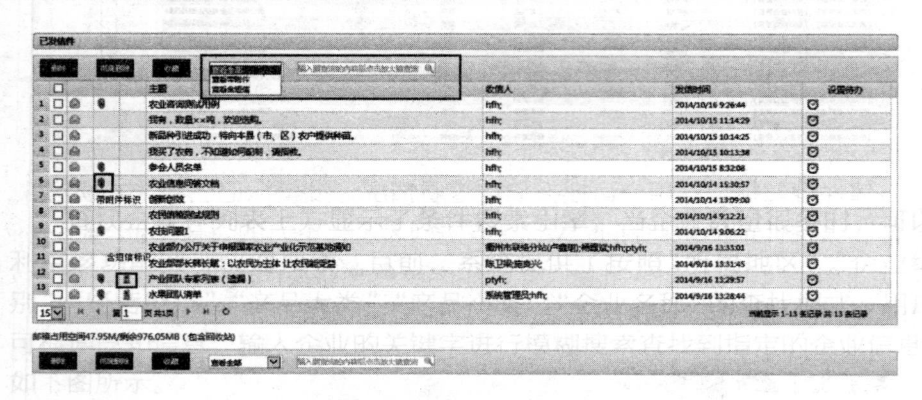

删除信件：由于系统内存有限，需要用户自行清理冗余的信件（若“已发”内存已满，则不再储存新传送信件）。为保证内存充足可储存信件，用户只需将该信件前的方框打上“√”，点击列表上、下方的“删除”按钮即可进行信件批量删除操作。删除后的信件在“回收站”中可查找到，以便追溯。若确定一些信件不再需要或必须删除的，可以点击列表下方的“彻底删除”按钮即可进行信件批量删除操作。彻底删除的信件无法恢复，彻底删除时需谨慎。点击“确定”即完成删除操作，如下图所示。

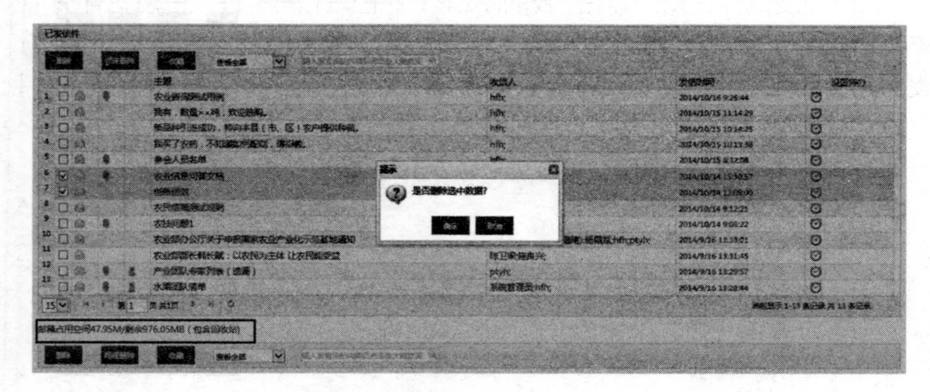

信件收藏：系统新增了信件收藏功能，方便用户根据个人需要收藏必要文件。只需将该信件前的方框打上“√”，点击列表上、下方的“收藏”按

钮即可进行信件批量收藏操作。收藏成功后的信件在“收藏夹”中可查找到，方便用户查找。点击“确定”即完成收藏操作，如下图所示。

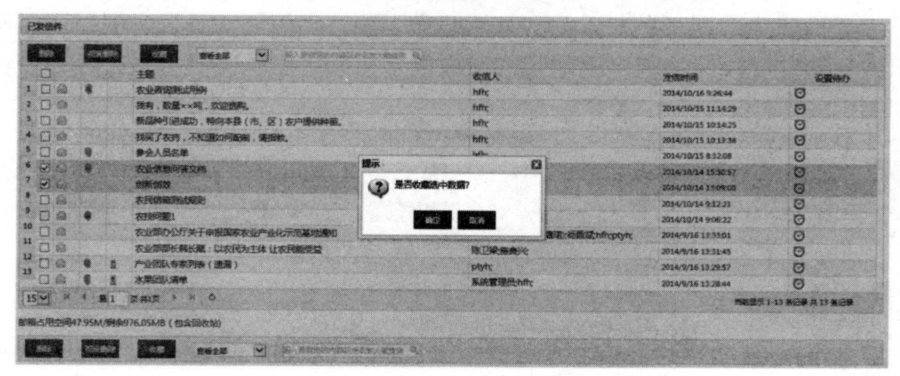

设置代办：系统提供了信件待办服务，用户可根据个人实际需求设置信件的办理时间，只需点击信件对应的设置待办图标，出现时间设置框，根据需要设置合理的时间办理信件。设置成功的待办信件在“待办信件”列表中可以查找到。为防止遗忘，用户可选择“短信提醒”提醒信件办理，如下图所示。

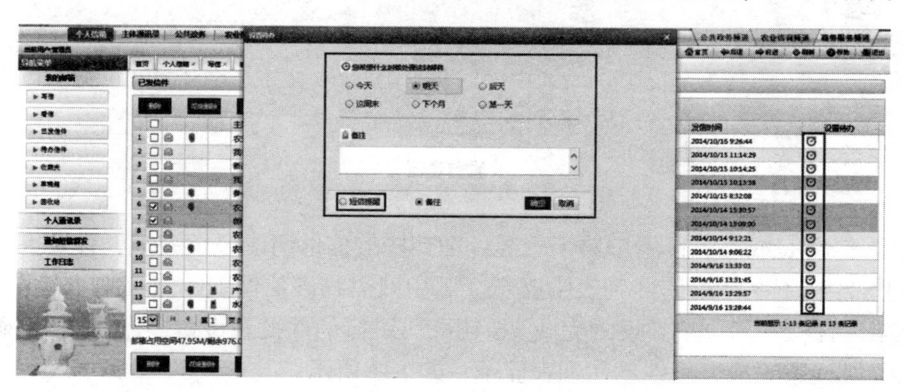

（4）待办信件：用户点击“我的邮箱”→“待办信件”进入待办信件界面，该页面是为了直观显示待处理的信件，让用户一目了然。界面中以列表方式显示了信件的主题、处理截止时间和备注等信息，如下图所示。

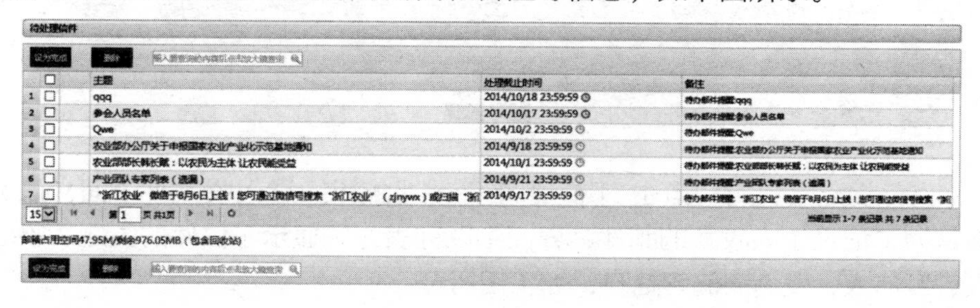

查看信件：点击待办信件的主题即可进入信件详细页面查看，有附件的信件，可下载附件至本机上查看附件内容。

查找信件：列表上方显示了条件搜索引擎，当信件数量很多时，可以利用该功能实现快速搜索，目前系统只提供了按照主题的关键字进行模糊查找到指定的信件。

删除信件：由于系统内存有限，需要用户自行清理冗余的信件（若“待办信件”内存已满，则不再储存待办信件）。为保证内存充足可储存信件，用户只需将该信件前的方框打上“√”，点击列表上下方的“删除”按钮即可进行信件批量删除操作。点击“确定”信件则删除成功，如下图所示。

信件完成设置：用户对于已经处理完毕的信件可以设置完成，设置完成的信件将不在待办信件列表中显示。用户只需将该信件前的方框打上“√”，点击列表上、下方的“设为完成”按钮即可进行信件批量设置操作。点击“确定”则设置完成，信件不在列表显示。如下图所示。

（5）收藏夹：用户点击“我的邮箱”→“收藏夹”进入收藏夹界面，该页面是为了记录个人收藏的邮件，界面中以列表方式显示了信件的主题、收信人、发信人、发信时间等信息，如下图所示。

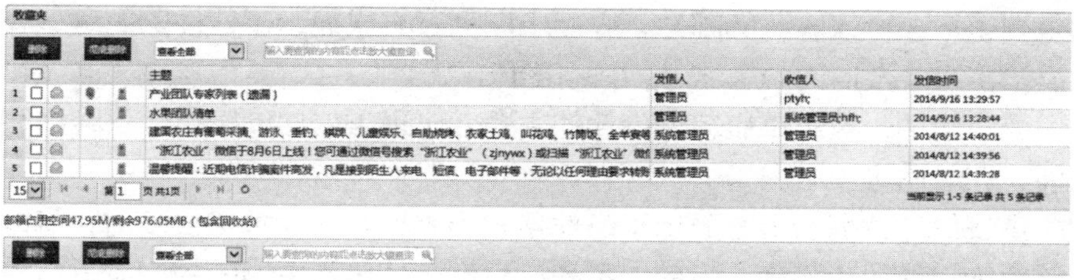

收藏夹

查看全部

	主题	发信人	收信人	发信时间
1	产业团队专家列表（遗漏）	管理员	ptyh;	2014/9/16 13:29:57
2	水果团队清单	管理员	系统管理员;hfh;	2014/9/16 13:28:44
3	建果农庄有葡萄采摘、游泳、垂钓、棋牌、儿童娱乐、自助烧烤、农家土鸡、叫花鸡、竹筒饭、全羊宴等	系统管理员	管理员	2014/8/12 14:40:01
4	“浙江农业”微信于8月6日上线！您可通过微信号搜索“浙江农业”（zjnywx）或扫描“浙江农业”微	系统管理员	管理员	2014/8/12 14:39:56
5	温馨提醒：近期电信诈骗案件高发，凡是接到陌生人来电、短信、电子邮件等，无论以任何理由要求转账	系统管理员	管理员	2014/8/12 14:39:28

15　第1页共1页　当前显示1-5条记录共5条记录

邮箱占用空间47.95M/剩余976.05MB（包含回收站）

查看全部

查看信件：点击收藏信件的主题即可进入信件详细页面查看，有附件的信件，可下载附件至本机上查看附件内容。

查找信件：列表上方显示了条件搜索引擎，当信件数量很多时，可以利用该功能实现快速搜索，目前系统提供了按照“查看带附件”“查看含短信”两种下拉选择框的查找模式。管理员还可按信件主题的关键字进行模糊搜索查找到指定的信件，如下图所示。

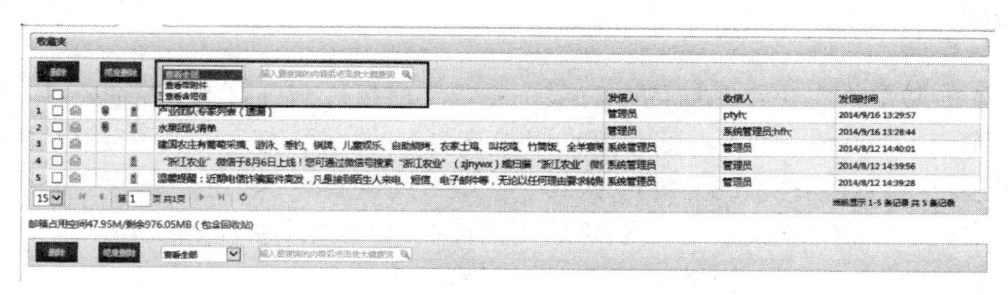

删除信件：由于系统内存有限，需要用户自行清理冗余的信件（若“收藏夹”内存已满，则不再储存新收藏的信件）。为保证内存充足可收藏信件，用户只需将该信件前的方框打上“√”，点击列表上、下方的“删除”按钮即可进行信件批量删除操作。删除后的信件在“回收站”中可查找到，以便追溯。若确定一些信件不再需要或必须删除的，可以点击列表下方的“彻底删除”按钮即可进行信件批量删除操作。彻底删除的信件无法恢复，彻底删除时需谨慎。点击“确定”即完成删除操作，如下图所示。

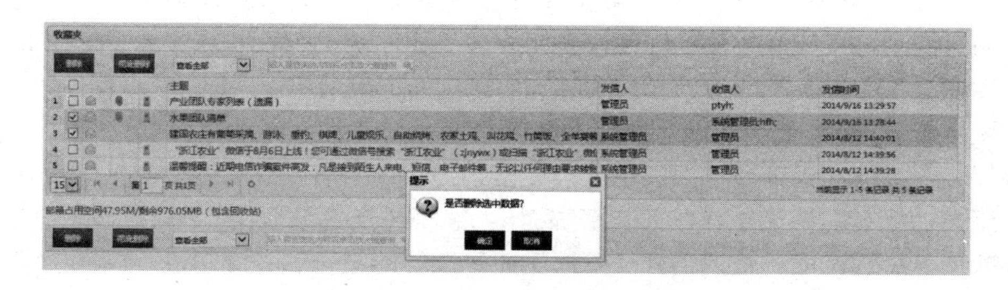

（6）草稿箱：用户点击“我的邮箱”→“草稿箱”进入草稿箱界面，该页

面是为了记录个人收藏的邮件，界面中以列表方式显示了信件的主题、收信人、发信人、发信时间等信息，如下图所示。

编辑信件：点击草稿箱的信件的主题即可进入信件编辑页面，继续编辑信件，完成后可发送。

查找信件：列表上方显示了条件搜索引擎，当信件数量很多时，可以利用该功能实现快速搜索。目前，系统只提供了按信件主题的关键字进行模糊搜索查找到指定的信件，如下图所示。

删除信件：由于系统内存有限，需要用户自行清理冗余的信件（若“草稿箱”内存已满，则不再储存新收藏的信件）。为保证内存充足可存储信件，用户只需将该信件前的方框打上“√”，点击列表上、下方的“删除”按钮即可进行信件批量删除操作。删除后的信件在“回收站”中可查找到，以便追溯。点击“确定”即完成删除操作，如下图所示。

（7）回收站：用户点击“我的邮箱”→“回收站”进入回收站界面，该页面是为了记录删除邮件，以便误删可恢复。界面中以列表方式显示了信件的主题、收信人、发信人、发信时间等信息，如下图所示。

查看信件：点击回收站的信件的主题即可进入信件详细页面查看。

查找信件：列表上方显示了条件搜索引擎，当信件数量很多时，可以利用该功能实现快速搜索，目前系统提供了按照“查看带附件”“查看含短信”两种下拉选择框的查找模式。管理员还可按信件主题的关键字进行模糊搜索查找到指定的信件，如下图所示。

回收站

	主题	发信人	收信人	发信时间
1	12：05定时发送	管理员	hfh;	2014/8/15 11:12:54
2	测试测试	管理员	hfh;	2014/8/15 10:51:31
3	test	系统管理员	管理员	2014/8/13 8:09:10
4	test	系统管理员	管理员	2014/8/12 22:00:15
5	转发:回复:回复:转发:test	系统管理员	管理员	2014/8/12 16:11:52
6	附件测试2	系统管理员	管理员	2014/8/12 14:51:49
7	test	系统管理员	管理员	2014/8/12 14:48:48
8	带附件短信测试！！	系统管理员	管理员	2014/8/12 14:43:48

当前显示 1-8 条记录 共 8 条记录

邮箱占用空间47.95M/剩余976.05MB（包含回收站）

删除信件：由于系统内存有限，需要用户自行清理冗余的信件（若“回收站”内存已满，则不再储存新收藏的信件）。为保证内存充足可存储信件，用户只需将该信件前的方框打上“√”，点击列表上、下方的“彻底删除 ”按钮即可进行信件批量删除操作，点击“确定”即完成删除操作。彻底删除后的信件无法恢复，删除时需慎重，以免误删，如下图所示。

恢复信件：由于误删等原因造成信件，可通过选中信件前的方框（打上“√”），点击列表上下方的“恢复”按钮即可进行信件批量恢复操作。点击“确定”即完成信件恢复，如下图所示。

2. 个人通讯录

（1）我的通讯录：用户点击“个人通讯录”→“我的通讯录”进入“我的通讯录”界面，主要包括新建联系人、新建组、给用户发信、联系人管理等操作，如下图所示。

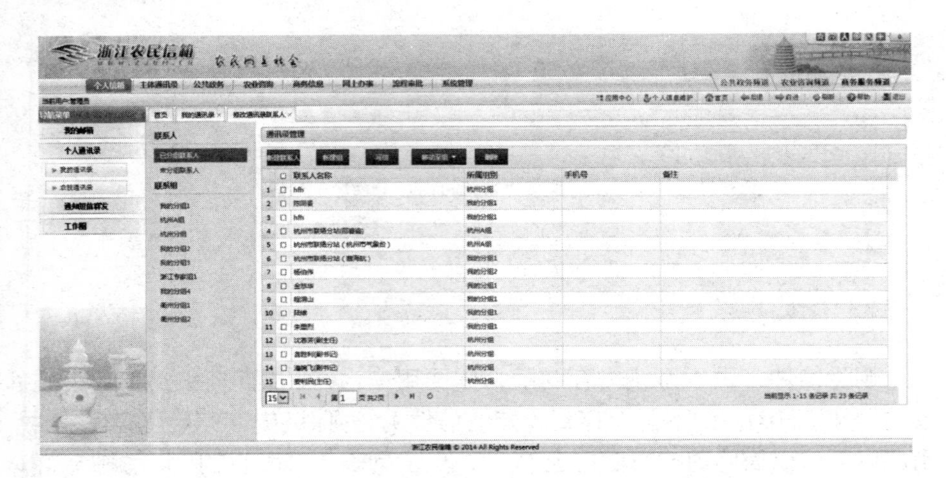

界面中以列表方式显示了通讯录的联系人名称、所属组别、手机号、备注等信息。

查看联系人：可分别点击个人创建的联系组，右侧列表则显示各个联系组下的联系人成员，如下图所示。

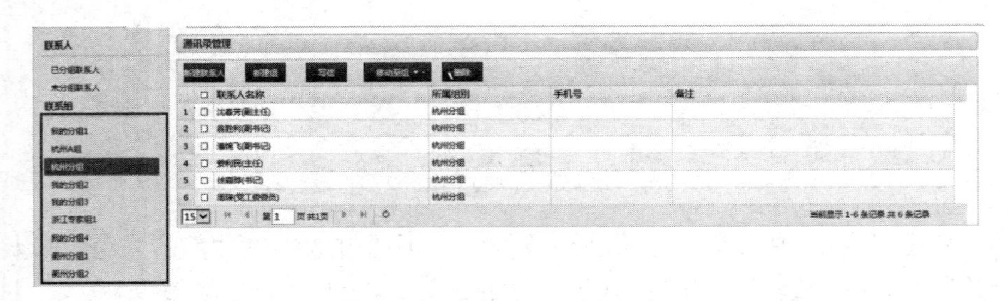

新建联系人：用户点击通讯录管理页面的“新建联系人”按钮，出现新建联系人提示框，通过联系人的区属勾选联系人名称，选择联系人所属组别（所属组别由个人设置管理），点击“确认”按钮，联系人新增成功，如下图所示。

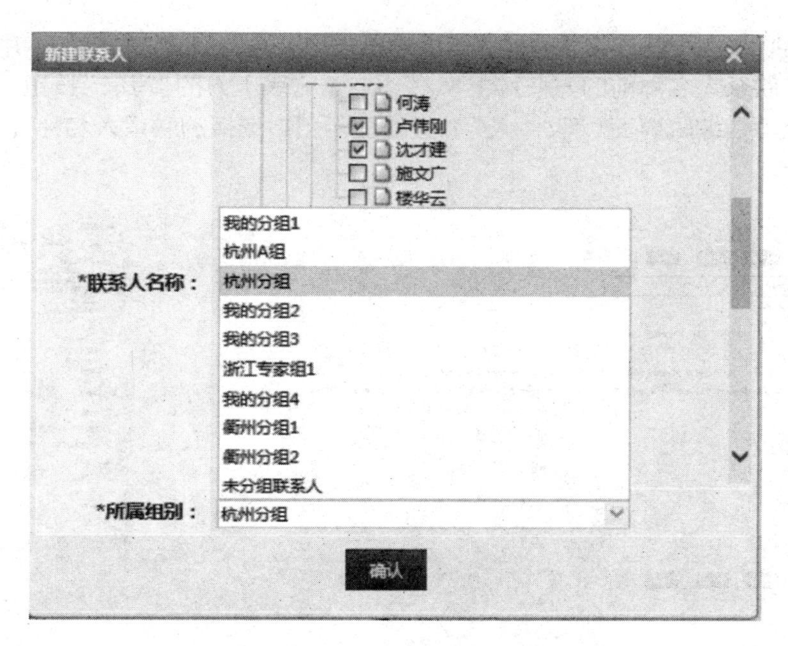

新建组：用户点击通讯录管理页面的“新建组”按钮，出现新建组提示框，在“新建组名称”文本框中填写组名称，并且可以通过联系人的区属勾选联系人名称，快速添加组联系人，点击“确认”按钮，联系组新增成功，如下图所示。

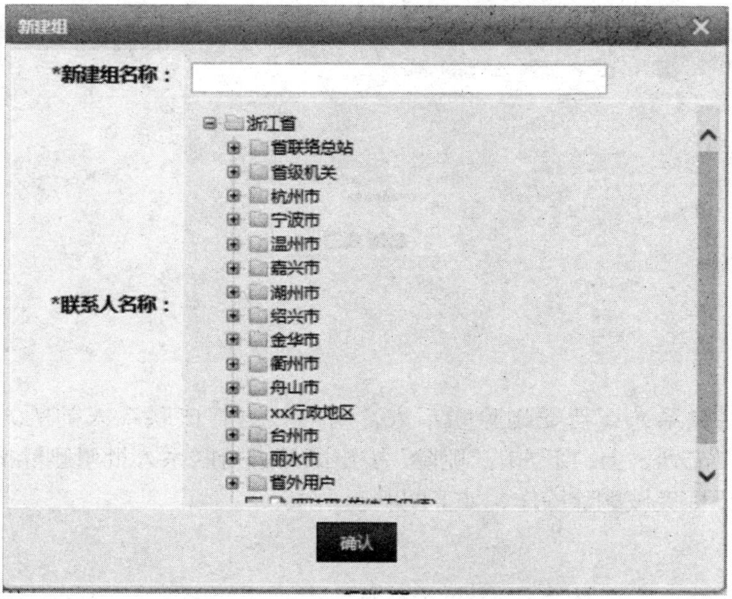

给联系人发信：此页面提供了给通讯录联系人发信的快捷操作，用户只需将该联系人名称前的方框打上“√”，点击列表上方的“写信”按钮，页面将跳至写信编辑界面（“收件人”一栏处显示用户选择的联系人名称），如下图所示。

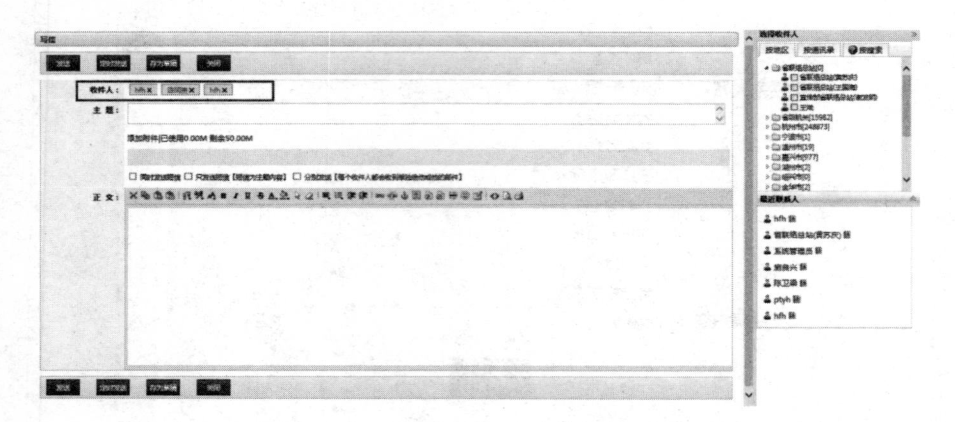

联系人移动分组：此页面提供了给通讯录联系人组别转换的快捷操作，用户只需将该联系人名称前的方框打上“√”，点击列表上方的“移动至组××××”按钮，页面将弹框提示“是否移动选中联系人”，点击“确定”则移动成功，点击“取消”则返回联系人列表，如下图所示。

删除联系人：若要删除联系人，用户只需将该联系人前的方框打上“√”，点击列表上、下方的“删除”按钮即可进行联系人批量删除操作，点击“确定”即完成删除操作，如下图所示。

联系人修改：若要修改联系人信息，只需双击联系人名称即可进入联系人修改页面，可修改联系人的所属组别、手机号码、备注，联系人名称无法修改。修改完成后点击“确定”按钮即可修改成功，如下图所示。

联系人新增

*联系人名称：	陈同贵
*所属组别：	我的分组1
手机号码：	
备注：	

确定　取消

（2）农技通讯录：农技通讯录按照农业类别分为农业技术人员、林业技术人员、渔业技术人员三大类，如下图所示。

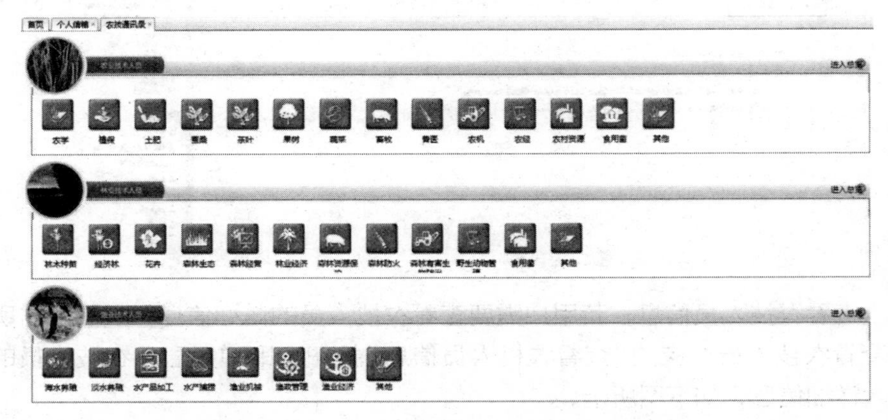

任意点击大类下的小类图标，进入各个小类的农机人员通讯录列表，以下列表以“农学”小类为例，如下图所示。

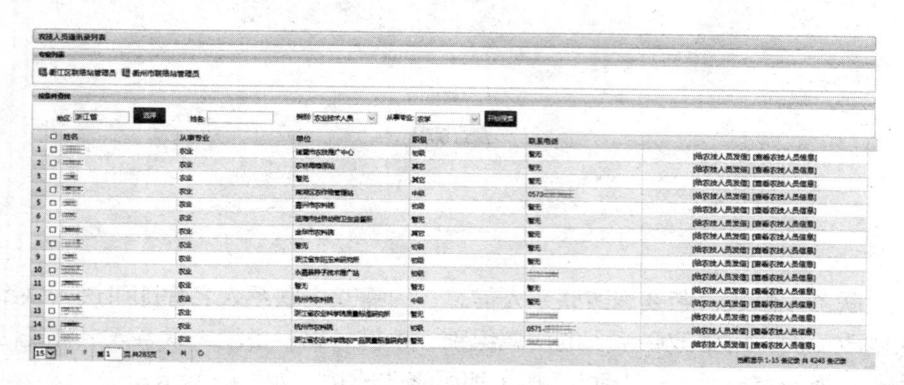

界面中以列表方式显示了农技人员的姓名、从事专业、单位、职级、联系电话等信息。

查找农技人员：最上面一行显示了条件搜索引擎，当农技人员数量很多时，可以利用该功能实现快速搜索，目前系统提供了按照“地区”“姓名”“类别”“从事专业”等查找模式。用户可按条件输入一些已知信息进行搜索查找到指定的农技人员。

给农技人员发信：此页面提供了给农技人员发信的快捷操作，用户只需将该农技人员名称前的方框打上“√”，点击对应列表尾列的“给农技人员发信”按钮，页面将跳至写信编辑页面（“收件人”一栏处显示用户选择的农技人员名称），如下图所示。

查看农技人员信息：若用户需要查看农技人员的详细信息，只需点击所要查看农技人员对应的“查看农机人员信息”按钮，即弹框显示农技人员的个人详细信息，如下图所示。

3. 通知群发申请

会议通知群发申请。用户点击“通知群发申请”→“会议通知群发申请”进入短信群发编辑界面，用户只需选择发送范围、发送时间、填写短信内容、选择信息类别(“只发送短信”“只发送邮件”“发送短信及邮件”)，有附件的还可上传附件，勾选“群发协议”复选框，点击“提交”即可完成短信群发申请，如下图所示。

短信群发申请

时间：2015/4/23

发送范围：　选择

发送时间：2015-04-23

短信内容：

信息类别：只发送短信　只发送邮件　发送短信及邮件

邮件附件：添加附件 |

邮件正文：

群发协议：如您不同意本"服务条款"，您可以主动取消"短信群发"所提供的相关服务；您一旦使用我们提供的服务，即视为您已了解并完全同意本"服务条款"各项内容，包括对"服务条款"所做的任何修改。
"用户"使用系统时，不能发送包含下列内容的短信：

我同意上面的群发协议

提交

点击“提交”后提示“您的申请已提交，等待管理员审批”，提交后的短信申请由上级管理员和负责人审批后才可发送。

4. 工作圈

（1）发布工作圈信息：用户点击“工作圈”→“发布工作圈信息”进入发布信息界面，如下图所示。

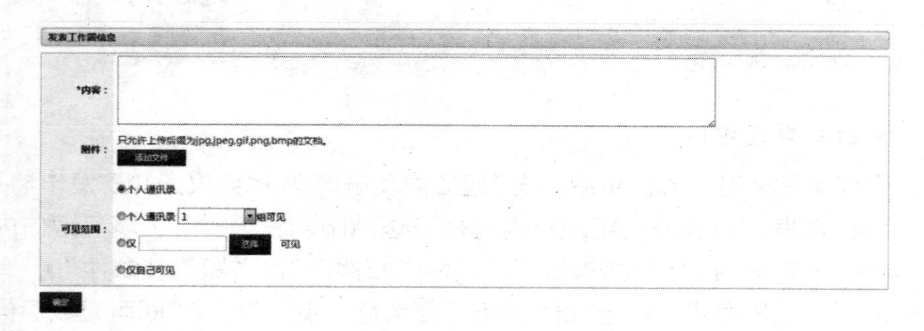

填写需要发布的内容，选择可见范围（包括“个人通讯录全部可见”“个人通讯录部分组可见”“选择通讯录成员 × × 可见”“仅自己可见”四大类），若有附件上传可添加附件，输入完成后，点击“确定”即可发布“工作圈”成功，指定的通讯录好友在“工作圈”中可以查看到已发布的“工作圈”信息，达到“工作圈”信息的共享效果。

（2）我的工作圈：用户点击“工作圈”→“我的工作圈”进入个人已发布“工作圈”管理界面，可对已发布的“工作圈”信息进行删除操作，如下图所示。

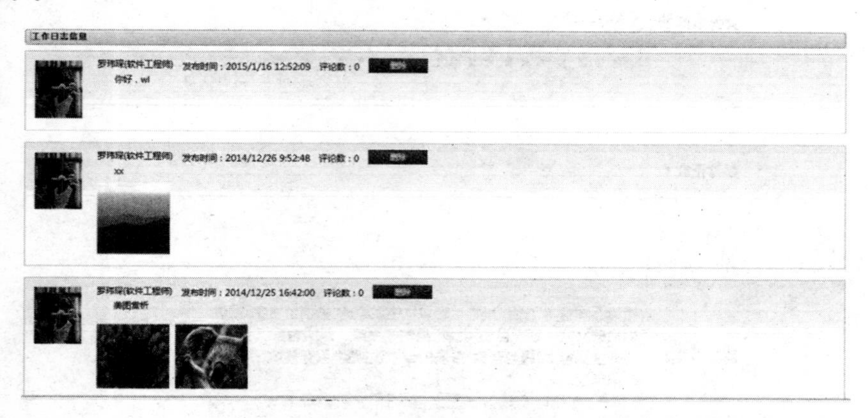

（3）工作圈：用户点击“工作圈”→“工作圈”进入通讯录好友发布的“工作圈”界面，如下图所示。

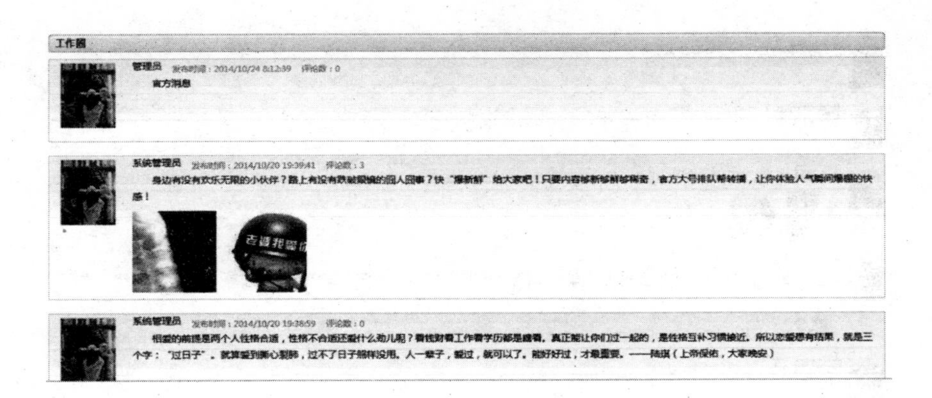

查看工作圈：用户在此可查看通讯录好友开放的“工作圈”信息，点击“工作圈”消息内容可进入详细页面查看，若有附件可点击附件内容查看附件，查看完毕后点击“已阅”可关闭当前页，如下图所示。

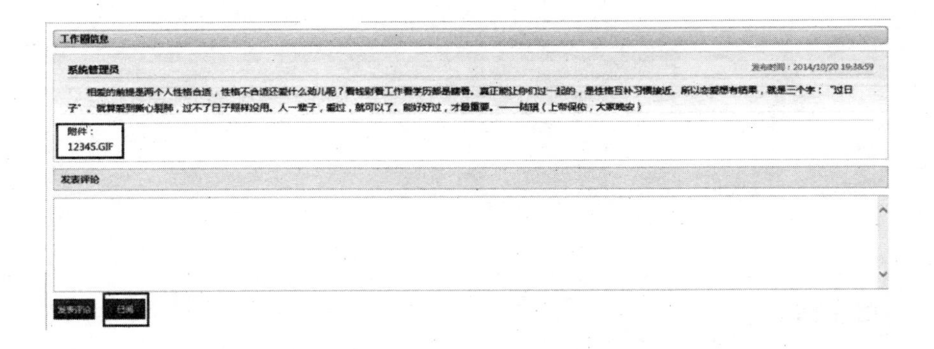

点击“发布者姓名”，系统会显示该发布者的所有信息列表，如下图所示。

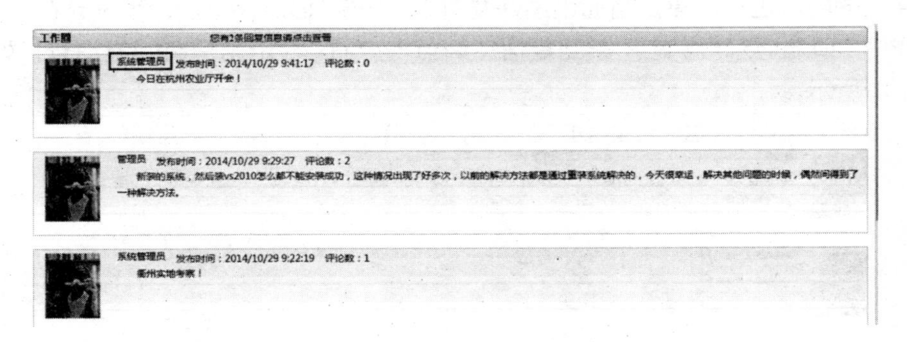

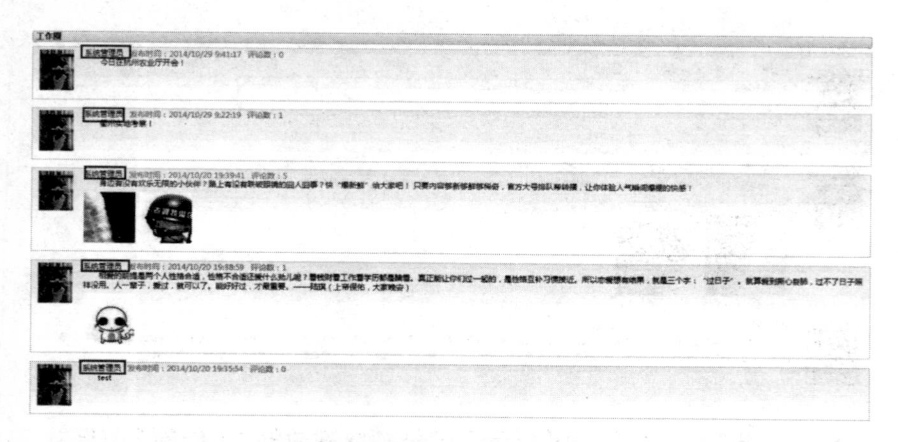

评论工作信息：用户对通讯录好友发布的“工作圈”信息可以添加评论，与好友互动交流，达到信息资源共享、感情联络的目的。只需在发表评论文本框中输入内容，点击“发表评论”即可发布成功，如下图所示。

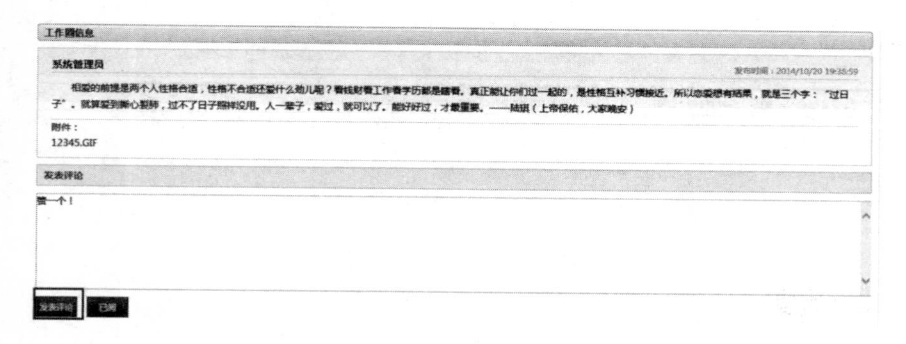

回复工作信息：为加强好友联络，工作信息发布者还可以对通讯录好友评论的内容进行回复。当通讯录好友对“工作圈”信息评论后，系统会在“工作圈”顶端显示“您有×条回复信息请点击查看”提示用户有回复消息，如下图所示。

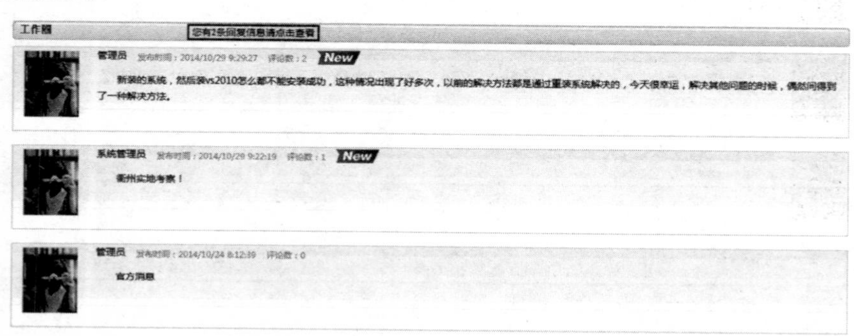

点击“您有 × 条回复信息请点击查看”进入通讯录好友评论列表，如下图所示。

若用户对于某些评论内容想要回复的，只需点击评论内容，进入回复页面，如下图所示。

再次点击好友评论内容右侧对应的“回复”按钮进行内容回复，即可完成与通讯录好友的互动，如下图所示。

（三）主体通讯录

主体通讯录主要汇总了涉农企业、农民专业合作社、集团采购单位、农业专业大户、农机作业大户、“农家乐”、家庭农场的企业或者农户列表信息，用户可以根据需要查找相应的企业或农户。以下以涉农企业列表为例，如下图所示。

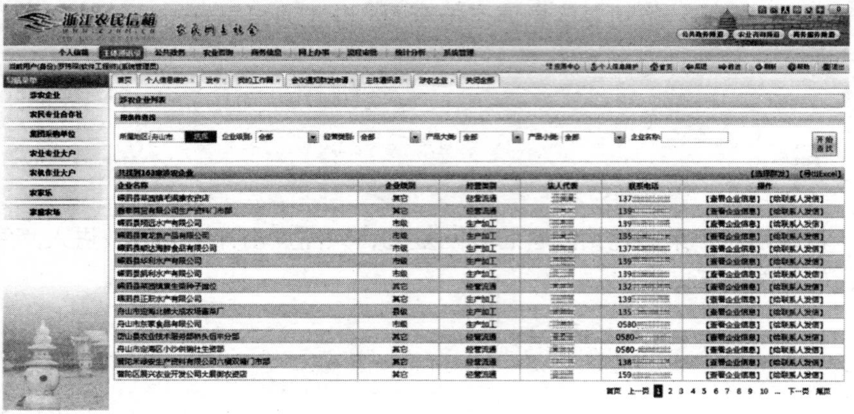

浙江农民信箱 农民网上社会

个人信箱 工作添加 公共政务 农业百科 商务信息 网上办事 流程审批 统计分析 系统管理

首页 个人信息维护 发布 我的工作圈 会议通知和发布申请 主体通讯录 涉农企业 关闭全部

涉农企业 农民专业合作社 集团采购单位 农业专业大户 农机作业大户 农家乐 家庭农场

涉农企业列表

按条件查找

所属地区: 舟山市 选择 企业级别: 全部 经营类别: 全部 产品大类: 全部 产品小类: 全部 企业名称: 开始查找

共找到163家涉农企业 【选择群发】【导出Excel】

企业名称	企业级别	经营类别	法人代表	联系电话	操作
嵊泗县菜园镇[illegible]农药店	其它	经营流通	[illegible]	137[illegible]	【查看企业信息】【给联系人发信】
[illegible]有限公司生产资料门市部	其它	经营流通	[illegible]	139[illegible]	【查看企业信息】【给联系人发信】
嵊泗县翔远水产有限公司	市级	生产加工	[illegible]	139[illegible]	【查看企业信息】【给联系人发信】
嵊泗县富龙水产品有限公司	市级	生产加工	[illegible]	135[illegible]	【查看企业信息】【给联系人发信】
嵊泗县顺达海鲜食品有限公司	市级	生产加工	[illegible]	137[illegible]	【查看企业信息】【给联系人发信】
嵊泗县华利水产有限公司	市级	生产加工	[illegible]	139[illegible]	【查看企业信息】【给联系人发信】
嵊泗县凯利水产有限公司	市级	生产加工	[illegible]	139[illegible]	【查看企业信息】【给联系人发信】
嵊泗县菜园镇[illegible]种子摊位	其它	经营流通	[illegible]	132[illegible]	【查看企业信息】【给联系人发信】
嵊泗县正财水产有限公司	其它	生产加工	[illegible]	139[illegible]	【查看企业信息】【给联系人发信】
舟山市定海[illegible]大成农场畜牧厂	县级	生产加工	[illegible]	135[illegible]	【查看企业信息】【给联系人发信】
舟山市东家食品有限公司	市级	生产加工	[illegible]	0580[illegible]	【查看企业信息】【给联系人发信】
岱山县农业技术服务部[illegible]分部	其它	经营流通	[illegible]	0580-[illegible]	【查看企业信息】【给联系人发信】
舟山市定海区小沙供销社生资部	其它	经营流通	[illegible]	0580-[illegible]	【查看企业信息】【给联系人发信】
普陀[illegible]生产资料有限公司六横双塘门市部	其它	经营流通	[illegible]	138[illegible]	【查看企业信息】【给联系人发信】
普陀区展兴农业开发公司大展[illegible]农资店	其它	经营流通	[illegible]	159[illegible]	【查看企业信息】【给联系人发信】

首页 上一页 1 2 3 4 5 6 7 8 9 10 … 下一页 尾页

查找企业：列表上方显示了条件搜索引擎，当企业数量很多时，可以利用该功能实现快速搜索。目前，系统提供了按照“所属地区”“企业级别”“经营级别”“产品大类”“产品小类”“企业名称”的查找模式。用户可根据已知信息，输入企业的关键字进行模糊搜索查找到指定的企业信息，如下图所示。

给联系人发信：此页面提供了给企业联系人发信的快捷操作，用户只需点击需要发信的联系人对应列表尾列的“给联系人发信”按钮，页面将跳至写信编辑界面（“收件人”一栏处显示用户选择的联系人名称），如下图所示。

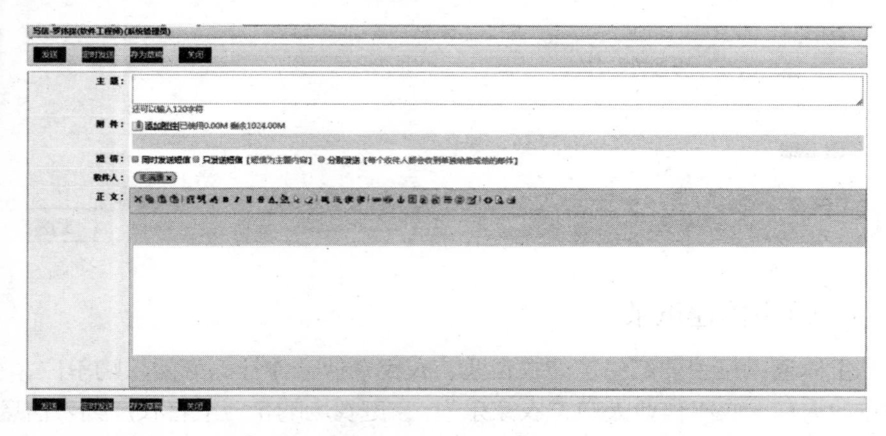

选择群发：此页面提供了给企业联系人发信的群发快捷操作，用户只需根据查找条件选择出需要群发的企业，点击列表右上角的“选择群发”按钮，

如下图所示。

涉农企业列表

按条件查找

所属地区：舟山市　选择　企业级别：全部　经营类别：全部　产品大类：全部　产品小类：全部　企业名称：　开始查找

共找到163家涉农企业　【选择群发】【导出Excel】

企业名称	企业级别	经营类别	法人代表	联系电话	操作
嵊泗县菜园镇毛满康农资店	其它	经营流通	[illegible]	137[illegible]	【查看企业信息】【给联系人发信】
鑫泰商贸有限公司生产资料门市部	其它	经营流通	[illegible]	139[illegible]	【查看企业信息】【给联系人发信】
嵊泗县翔远水产有限公司	市级	生产加工	[illegible]	139[illegible]	【查看企业信息】【给联系人发信】
嵊泗县黄龙鱼产品有限公司	市级	生产加工	[illegible]	135[illegible]	【查看企业信息】【给联系人发信】
嵊泗县顺达海鲜食品有限公司	市级	生产加工	[illegible]	137[illegible]	【查看企业信息】【给联系人发信】
嵊泗县华利水产有限公司	市级	生产加工	[illegible]	139[illegible]	【查看企业信息】【给联系人发信】

勾选企业名称后，页面将跳至写信编辑界面（“收件人”一栏处显示用户选择的联系人名称），如下图所示。

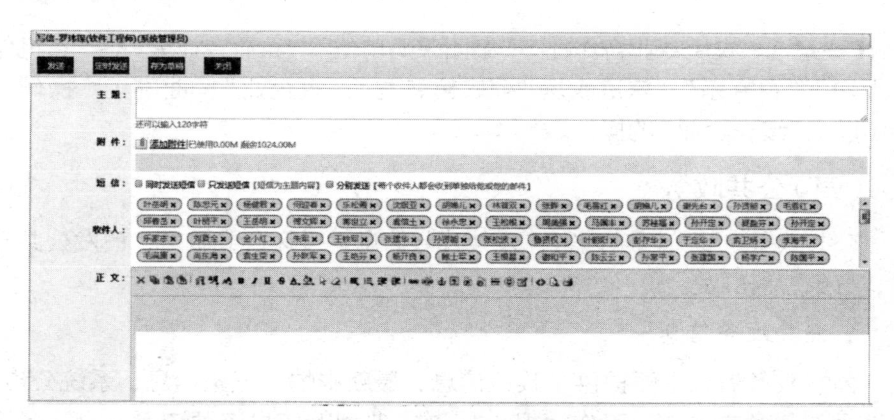

导出EXCEL：系统还提供了导出各个主体通讯录名单的功能，只需点击列表右上角的“导出EXCEL”按钮，如下图所示。

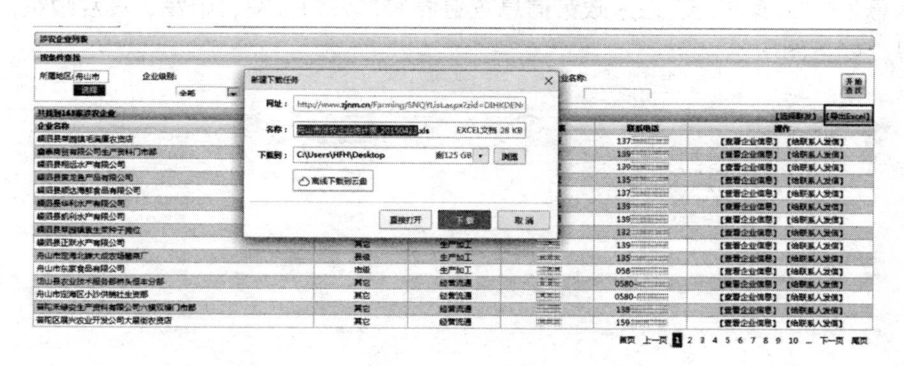

查看企业信息：若用户需要查看企业的详细信息，只需点击所要查看企业对应的“查看企业信息 ”按钮，即跳转至企业的个人详细信息页面供用户查看浏览，点击“关闭”即关闭当前页面，如下图所示。

涉农企业信息

企业名称：台州

通讯地址：

法人代表：

联系电话：

龙头企业级别：县级

经营类别：生产加工

产业分类[大类]：林产品

产业分类[小类]：其他未列品种

注册资金：

注册商标：

年销售收入：

从业人数：258

三品认证：无

联系人：

关闭

【注意】“农民专业合作社”“集团采购单位”“农业专业大户”“农机作业大户”“农家乐”“家庭农场”列表信息与“涉农企业”异曲同工，操作可参照以上“涉农企业”的操作。

（四）公共政务

公共政务主要分四项内容：公共政务信息、投递公共政务、已发公共政务、气象短信群发。

1.公共政务信息

公共政务信息主要提供了政策信息、最新农情、气象信息、系统公告、各地动态、多方关注、工作简报、“三农”典型的信息资源查看共享。各个类别的信息看列表架构一致，以下以“政策信息”为例：用户点击“公共政务信息”→“政策信息”进入政策信息查看界面，分为省发、市发、县发政策信息，如下图所示。

首页　政策信息

省发政策信息

状态	主题	发布者	时间
	全省农产品质量安全放心示范县创建工作现场会在衢江区召开	管理员	2014/10/17 9:33:15
	我厅召开全省农业系统水环境治理工作现场会议	管理员	2014/10/17 9:32:45
	第六届大学毕业生现代农业就业创业招聘会筹备会议在杭召开	管理员	2014/10/17 9:32:10
	全省农用无人机作业现场会在诸暨召开	管理员	2014/10/17 9:31:37
	全省第五次农业“两区”建设现场会在温州瑞安召开	管理员	2014/10/17 9:30:58

浏览更多信息

市发政策信息

状态	主题	发布者	时间

浏览更多信息

县发政策信息

状态	主题	发布者	时间

浏览更多信息

查看政策信息：点击政策信息标题进入政策信息详细页面查看。若要查看更多，点击右下角的“浏览更多信息”，进入政策信息汇总页面，可根据选择发布单位筛选查找相关的政策信息，如下图所示。

首页　公共政务　政策信息

水利厅　省海洋与渔业　信息产业厅　国土厅　科技厅　省广电局　省气象局　省测绘局　省农科院
省农业厅　省府办　省委办　省人大办　省政协办　组织部　宣传部　统战部　省农办
教育厅　团省委　省发改委　省地震局　省财政厅　林业厅

省发政策信息

状态	主题	发布者	时间
	全省农产品质量安全放心示范县创建工作现场会在衢江区召开	管理员	2014/10/17 9:33:15
	我厅召开全省农业系统水环境治理工作视频会议	管理员	2014/10/17 9:32:45
	第六届大学毕业生现代农业就业创业招聘会筹备会议在杭召开	管理员	2014/10/17 9:32:10
	全省农用无人机作业现场会在诸暨召开	管理员	2014/10/17 9:31:37
	全省第五次农业“两区”建设现场会在温州瑞安召开	管理员	2014/10/17 9:30:58
	省农业厅党组学习传达中央和全省党的群众路线教育实践活动总结大会精神	管理员	2014/10/17 9:30:11
	关于印发开化县有机农产品培育认证三年行动计划的通知	管理员	2014/7/18 9:29:30
	农业部推进八项措施强化农产品质量安全监管	管理员	2014/7/16 9:26:02
	农业部：五大体系提升农产品加工业科学发展水平	管理员	2014/7/16 9:25:07
	2014年国家深化农村改革支持粮食生产促进农民增收政策措施	管理员	2014/7/16 9:21:26
	2014年国家深化	管理员	2014/7/16 9:15:12
	2014年国家深化农村改革支持粮	管理员	2014/7/16 9:13:38
	2014年国家深化农村改革支持粮食生产促进农民增收政策措施	管理员	2014/7/16 9:06:56
	浙江农民信箱工作简报第100期	管理员	2014/7/13 15:50:13
	国务院决定免征新能源汽车车辆购置税	test	2014/7/10 17:14:37

首页　上一页　1　2　下一页　尾页

公共政务详细内容页面，如下图所示。

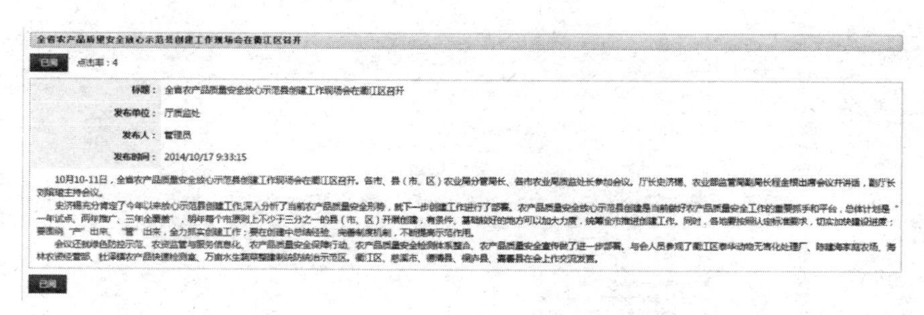
全省农产品质量安全放心示范县创建工作现场会在衢江区召开

已阅　点击率：4

标题：全省农产品质量安全放心示范县创建工作现场会在衢江区召开

发布单位：厅质监处

发布人：管理员

发布时间：2014/10/17 9:33:15

10月10-11日，全省农产品质量安全放心示范县创建工作现场会在衢江区召开。各市、县（市、区）农业局分管局长、各市农业局质监处长参加会议。厅长史济锡、农业部监管局副局长程金根出席会议并讲话，副厅长刘嫔珺主持会议。

史济锡充分肯定了今年以来放心示范县创建工作，深入分析了当前农产品质量安全形势，就下一步创建工作进行了部署。农产品质量安全放心示范县创建是当前做好农产品质量安全工作的重要抓手和平台，总体计划是“一年试点、两年推广、三年全覆盖”，明年每个市原则上不少于三分之一的县（市、区）开展创建，有条件、基础较好的地方可以加大力度，统筹全市推进创建工作。同时，各地要按照认定标准要求，切实加快建设进度；要围绕“产”出来、“管”出来，全力抓实创建工作；要在创建中总结经验、完善制度机制，不断提高示范作用。

会议还就绿色防控示范、农资监管与服务信息化、农产品质量安全保障行动、农产品质量安全检测体系整合、农产品质量安全宣传做了进一步部署。与会人员参观了衢江区泰华动物无害化处理厂、陈建海家庭农场、海林农资经营部、杜泽镇农产品快速检测室、万亩水生蔬菜植保统防统治示范区。衢江区、慈溪市、德清县、桐庐县、嘉善县在会上作交流发言。

已阅

2. 投递公共政务

投递公共政务信息主要包括投递政策信息、投递最新农情、投递气象信息、发布系统公告、投递各地动态、投递“多方关注”、投递工作简报、投递“三农”典型。各个类别的投递编辑页面基本一致，以下以“投递政策信息”为例：用户点击“投递公共政务”→“投递政策信息”进入投递政策信息界面，如下图所示。

投递公共政务

*选择类型：系统公告

*标题：　提示：标题字数不能超过50个字

*发布单位：　提示：发布单位字数不能超过50个字

*保留时间：90天

附件：[选择文件]

提示：请选择doc,docx,xls,xlsx,ppt,pptx,rar,pdf,wps,bmp,gif,jpg格式的文件进行上传

马上投递　放弃

输入标题、发布单位（字数要求不超过50个字），选择保留时间，若有附件的需要添加附件上传，输入正文内容，点击“放弃”则取消发布，点击“马上投递”，则投递成功，交由上级管理员审核，审核通过后才可在公共政务平台显示，用户才可正常浏览。

其他类型的公共政务信息发布步骤与投递政策信息一致，可参考以上步骤。

3. 已发公共政务

管理员点击“公共政务”→“已发公共政务”进入公共政务管理界面，用户可以查看个人已发的公共政务信息或者删除不必要的公共政务信息，如下图所示。

界面中以列表方式显示了公共政务的信息类型、审核状态、文件标题、发布时间、发布者、发文单位等信息。

查找公共政务：最上面一行显示了条件搜索引擎，当公共政务信息数量很多时，可以利用该功能实现快速搜索，目前系统提供了按照“信息类型”“文件标题”“发布者”“标题关键字”等查找模式，用户可按条件输入一些已知信息进行快速搜索查找到指定的公共政务信息。

删除公共政务：将公共政务前的方框打上“√”，点击列表下方的“删除”按钮即可进行公共政务批量删除操作。删除成功的公共政务不可恢复，操作时请慎重，如下图所示。

4. 气象短信群发

用户点击“气象群发申请”→“气象预警群发申请”进入短信群发编辑界面，用户只需选择发送范围、发送时间，填写短信内容，选择信息类别（“只发送短信”“只发送邮件”“发送短信及邮件”），有附件的还可上传附件，勾选“群发协议”复选框，点击“提交”即可完成短信群发申请，如下图所示。

短信群发申请

时间：2015/4/23

发送范围：　选择

发送时间：2015-04-23

短信内容：

信息类别：只发送短信　只发送邮件　发送短信及邮件

邮件附件：添加附件 |

邮件正文：

群发协议：如您不同意本"服务条款"，您可以主动取消"短信群发"所提供的相关服务；您一旦使用我们提供的服务，即视为您已了解并完全同意本"服务条款"各项内容，包括对"服务条款"所做的任何修改。
"用户"使用系统时，不能发送包含下列内容的短信：

我同意上面的群发协议

提交

点击提交后提示“您的申请已提交，等待管理员审批”，提交后的短信申请由上级管理员和负责人审批后才可发送。

（五）农业咨询

农业咨询主要包括咨询管理、农机知识库、农技短信群发三大类。

1. 咨询问答

（1）发起咨询：用户发起农业咨询的方式有两种：

一是用户登录“农民信箱”后台点击“咨询问答”→“发起咨询”进入发起咨询界面；

二是用户登录“农民信箱”农业咨询平台点击“我要问”进入发布问题页面。

【注意】用户必须是“农民信箱”的实名制用户，才具有发布咨询的权限，且必须在“已登录”的状态下。

“农民信箱”后台发起咨询页面，如下图所示。

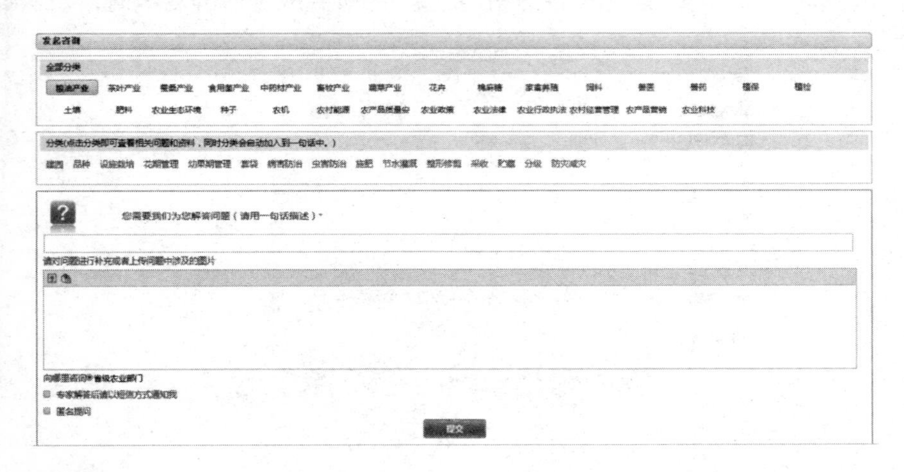

首先，要选择需要咨询的问题分类，决定了问题将由 × × 部门来回答。点击小分类后，会出现“你想要问的是这些问题吗？”“你想要找的是这些资料吗？”的提示，若用户想要发布的问题已有其他用户发表过或者有资料记载可解决，用户可参考以往用户的问题解决方案。若发表问题可得到解决，则不需要继续发布问题；若用户认为问题未得到解决，可继续发布。发布问题步骤如下。

①一句话问题描述：即问题标题。言简意赅地表达自己想表达的问题。

②问题补充：即问题的详细描述。若提问人担心一句话对问题概述不

全，可在此进行补充文字说明或图片展示，方便提问人将问题正确地展现至技术成员。

③向哪里咨询：根据用户级别只显示本级以上的农业部门（若用户身份属于县级用户，其只能向县级以上的市、省等农业部门求助，而不能向县级以下的镇、乡、村等级农业部门提问）。用户可根据实际情况选择向有关部门提问。

④短信通知：若勾选“专家解答后请以短信方式通知我”，则收到答案后短信提示提问人。

⑤匿名提问：若勾选“匿名提问”，提问人发布的问题在审核通过后显示时为匿名显示，其他用户无法查看提问人信息，但专家回答时可查看到提问人信息。

以上信息填写完毕后，点击“提交”按钮即可完成问题发布操作，待出现“提交成功！待管理员审核”提示框，则表示发布成功，问题交由管理员审核，审核通过后则在农业咨询平台上或咨询问答专区显示。

（2）我的提问：用户点击“咨询问答”→“我的提问”进入我的提问列表界面，用户可以查看个人已发表的问题的浏览次数、状态变化等，如下图所示。

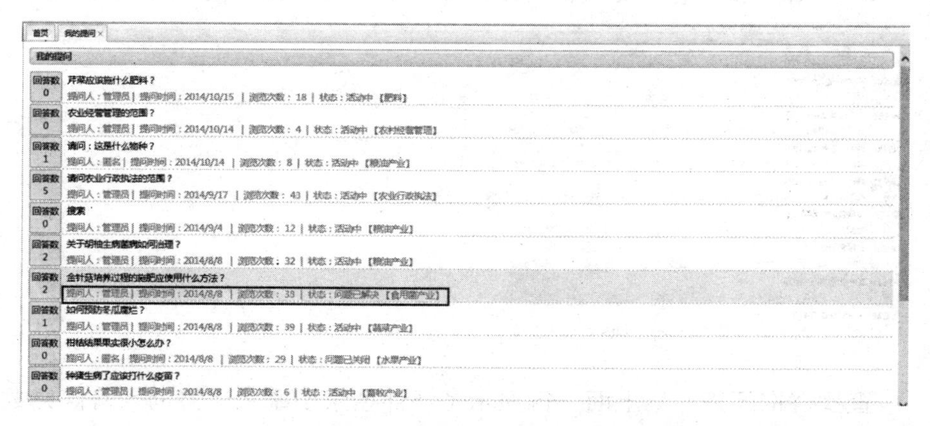

点击问题的标题，可进入该问题的详细页面，用户可在此页面查看其他用户的回答，必要时还可以继续追问问题，直至问题解决，如下图所示。

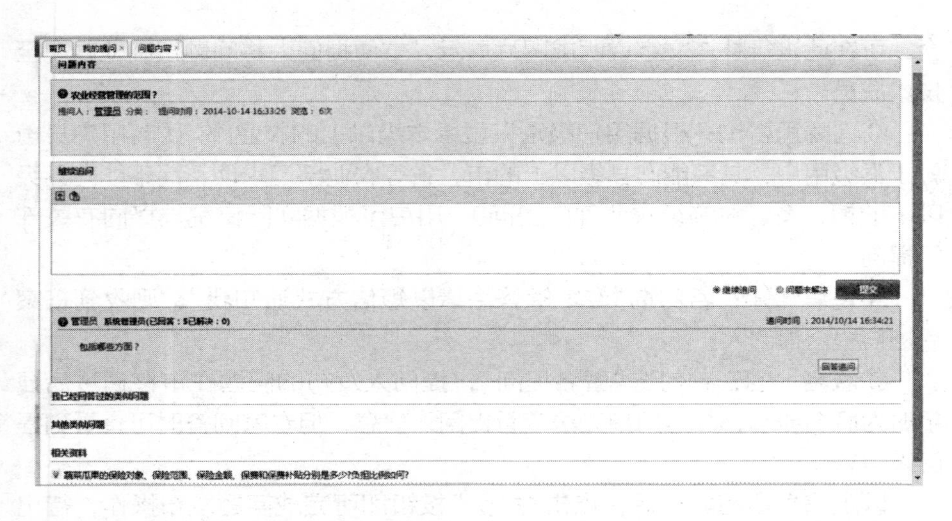

（3）咨询问答：用户点击“咨询问答”→“咨询问答”进入咨询问答列表界面，用户可以根据标题、类别、状态进行咨询问答的查询，如下图所示。

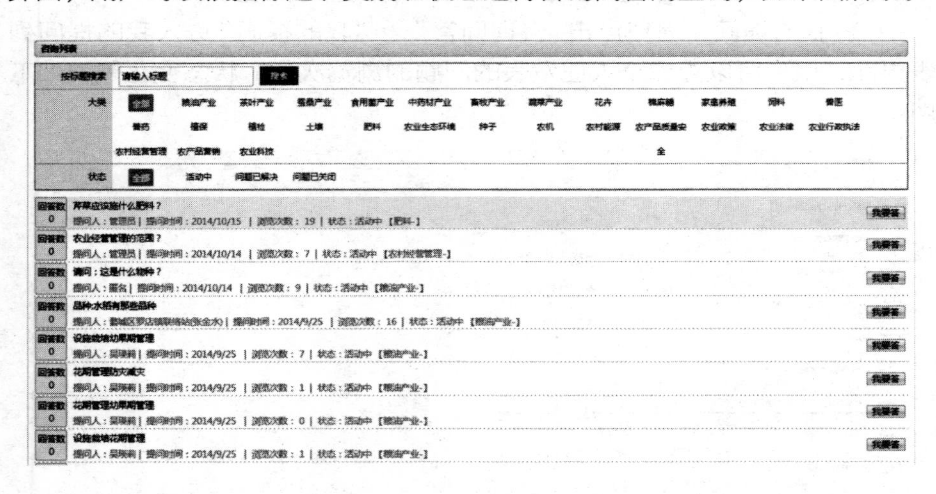

查找咨询问答：最上面一行显示了条件搜索引擎，当咨询问答信息数量很多时，可以利用该功能实现快速搜索，目前系统提供了按照“标题关键字”“咨询大类”“咨询的状态”等查找模式，用户可按条件输入一些已知信息进行快速搜索查找到指定的咨询信息。

回答咨询问题：用户可以通过点击问题标题或者标题对应的“我要答”按钮进入问题内容页面进行问题解答。只需在文本框内输入问题答案，点击“提交”即可。若问题被提问人继续追问，用户还可以继续详细回答问题，保持与提问人的问题交流互动，直至问题解决为止。

2. 产业团队

系统提供了“产业团队”系统的快捷方式，方便用户快速登录“产业团队”系统，如下图所示。

3. 农技知识库

（1）发布技术资料：用户点击“农技知识库”→“发布技术资料”进入发布技术资料界面，发布技术资料的类型主要包括“浙江惠农百问”“技术资料”两大类型，如下图所示。

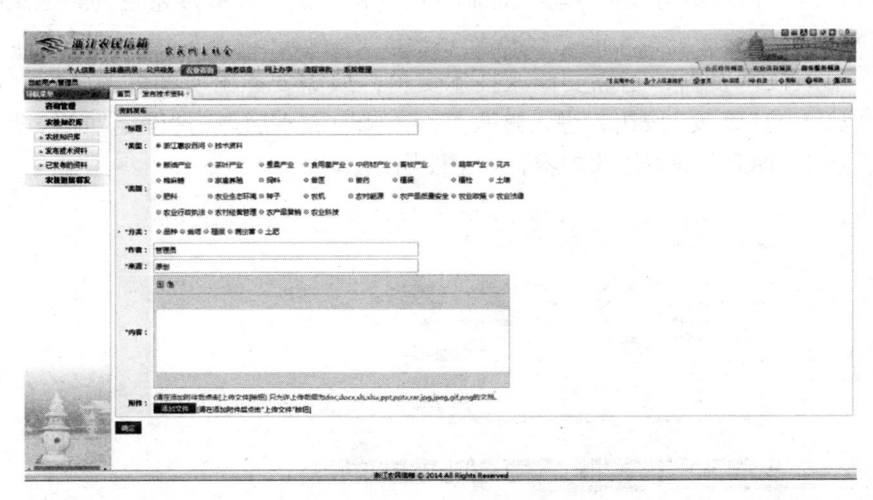

输入标题、作者、和资料来源，选择资料类型、类别和分类，若有附件的需要添加附件上传，输入正文内容，点击“确定”，则发布成功，在已发布的资料中可以查询到相应资料。

（2）已发布的资料：用户点击“农技知识库”→“已发布的资料”进入技术资料列表界面，用户可以查看个人已发的技术资料或者修改、删除部分存在问题的技术资料，如下图所示。

界面中以列表方式显示了已发布技术资料的标题、类型、发布日期、操作等信息。

查看技术资料：点击政务标题进入公共政务的详细页面查看。

查找技术资料：最上面一行显示了条件搜索引擎，当技术资料数量很多时，可以利用该功能实现快速搜索，目前系统只提供了按照“标题关键字”查找模式。管理员可按条件输入标题中的关键字进行模糊搜索查询到指定的技术资料。

修改技术资料：若需要修改技术资料，只需要点击所要修改资料对应操作区下的“修改”按钮，进入修改页面，修改文本后点击“确定”则修改完成，点击“返回”则不修改内容，如下图所示。

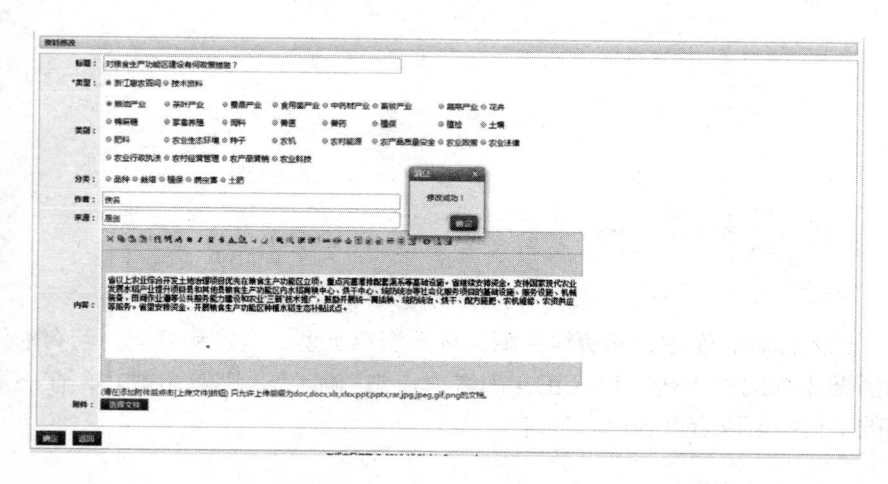

删除技术资料：只能通过点击技术资料记录对应操作区下“删除”按钮逐一删除对应的技术资料，删除后不可恢复，删除时需慎重。

（3）农技知识库：用户点击“农技知识库”→“农技知识库”进入知识库列表界面，用户可以查看所有的技术资料，如下图所示。

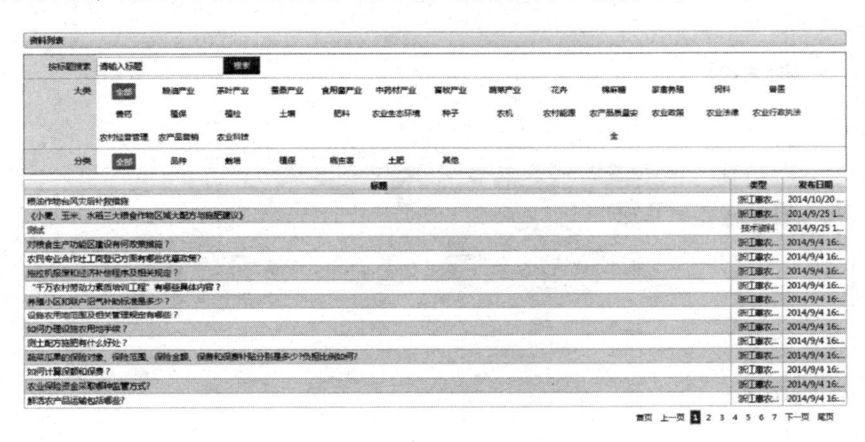

查看知识库：点击知识库下的标题进入资料的详细页面进行查看，浏览完毕后点击“已阅”按钮关闭当前页面，如下图所示。

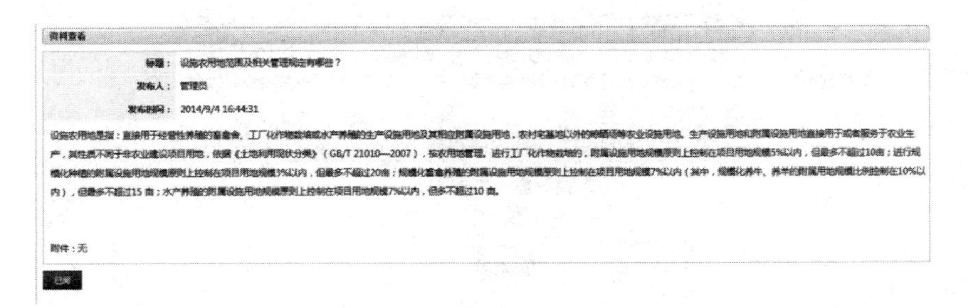

查找知识库：最上面一行显示了条件搜索引擎，当知识库资料数量很多时，可以利用该功能实现快速搜索。目前，系统提供了按照“标题关键字”“咨询大类”“分类”等查找模式，用户可按条件输入一些已知信息进行快速搜索查找到指定的咨询信息。

4. 农技短信群发

短信群发申请：用户点击“农技群发申请”进入短信群发编辑界面，用户只需选择发送范围、发送时间，填写短信内容，选择信息类别（“只发送短信”“只发送邮件”“发送短信及邮件”），有附件的还可上传附件，勾选“群发协议”复选框，点击“提交”即可完成短信群发申请，如下图所示。

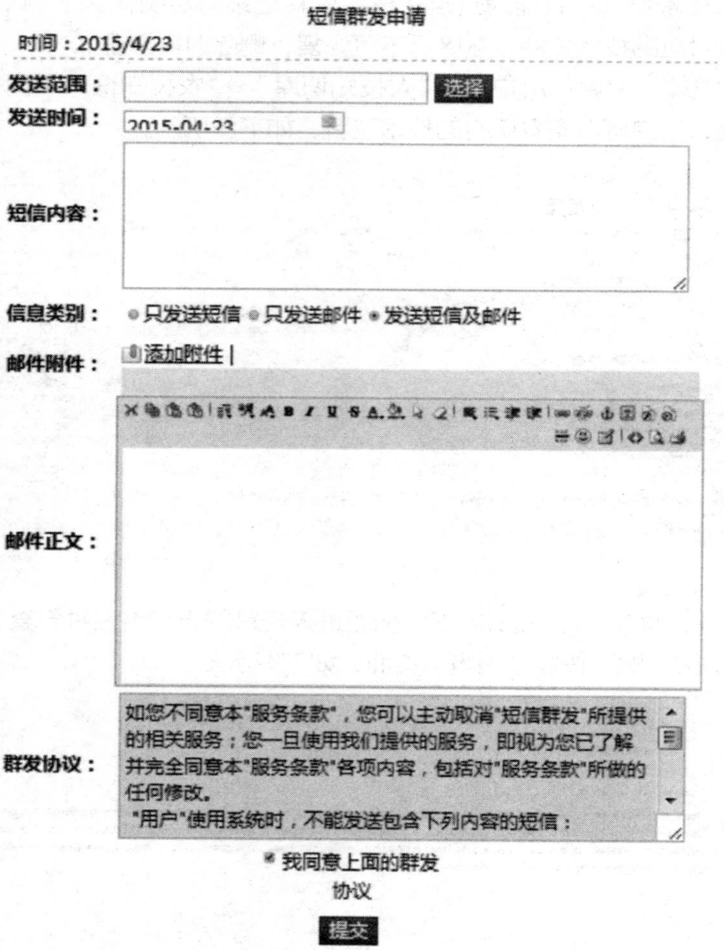

短信群发申请

时间：2015/4/23

发送范围： 选择

发送时间： 2015-04-23

短信内容：

信息类别： 只发送短信 只发送邮件 发送短信及邮件

邮件附件： 添加附件

邮件正文：

群发协议： 如您不同意本"服务条款"，您可以主动取消"短信群发"所提供的相关服务；您一旦使用我们提供的服务，即视为您已了解并完全同意本"服务条款"各项内容，包括对"服务条款"所做的任何修改。
"用户"使用系统时，不能发送包含下列内容的短信：

我同意上面的群发协议

提交

点击提交后提示“您的申请已提交，等待管理员审批”，提交后的短信申请由上级管理员和负责人审批后才可发送。

（六）商务信息

商务信息板块目前主要为买卖信息、“每日一助”服务（服务简介、服务信息、服务电话、服务制度、服务短信群发申请）、浙江“网上农博会”三大块。

1. 买卖信息

（1）发送买进/卖出信息：用户点击“买卖信息”→“发送买进/卖出信息”菜单进入发布买卖信息界面，如下图所示。

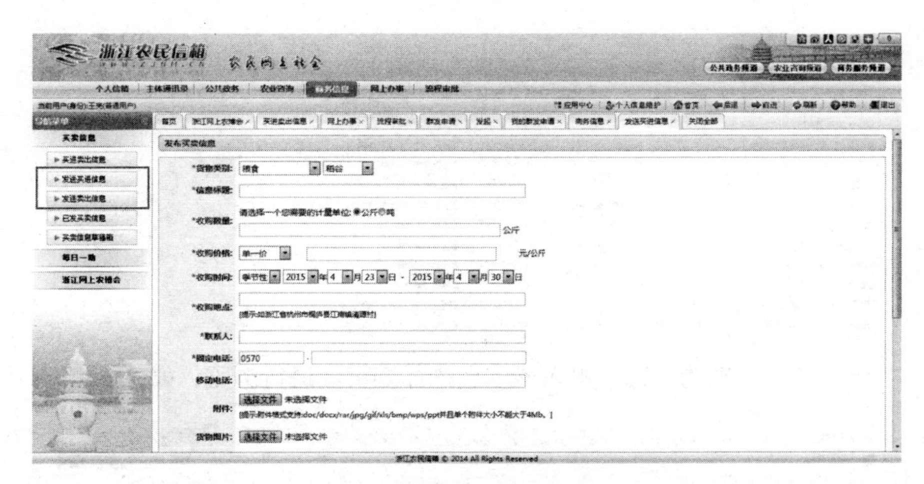

根据要求填写相应的数据，带红色*为必填项。填写完成后点击“发送”即可完成买卖信息发送操作。

（2）已发买卖信息：用户点击“买卖信息”→“已发买卖信息”菜单进入买卖信息管理界面，可查看个人已发布的买卖信息及审核状态。

用户有权限对已发的未审核状态的买卖信息进行删除操作，如下图所示。

（3）买进卖出信息浏览：“买进卖出信息”菜单列表中汇总了浙江省各个市县的所有买卖信息，供用户查看浏览，提供用户“线上浏览、线下交易”的平台。

用户只需点击“买卖信息”→“买进卖出信息”菜单进入买卖信息管理界面，通过切换地区，查看各个地区的买卖信息。

买卖信息

全省 杭州市 宁波市 温州市 嘉兴市 湖州市 绍兴市 金华市 衢州市 台州市 舟山市 丽水市 外省地区

包含： 商品类别：全部 买卖方向：买进 地区： 选择 搜索

标题	日期	标题	日期
收购黑木耳	2015-04-16	水产养殖	2015-04-22
全新履带式旋耕机出售	2015-04-03	树木、花卉种植销售	2015-04-22
求购优质杂交稻谷	2015-03-25	出售时令果蔬	2015-04-22
收购棉花籽	2015-03-23	出售：蔬菜、水产品	2015-04-22
求购淡水鱼苗不大于2寸，10万尾以上。河道养鱼用，限浙南鱼种。	2015-03-06	提供休闲垂钓、餐饮服务，出售南美白对虾，	2015-04-22
求购油茶苗	2015-02-27	出售优质花卉苗木	2015-04-21
求购成品泥鳅	2015-01-01	出售土猪	2015-04-21
专业兽医员2人	2014-12-31	稻谷出售	2015-04-21
人工受精2人	2014-12-31	出售竹柏	2015-04-21
招收生猪饲养员6人	2014-12-31	[illegible]	2015-04-21
因公路改建本花木场近期低价甩卖8-10公分罗汉松、8-13公分桂花。	2014-12-26	大量出售草皮，桂花，苏铁，红花继木，龟甲冬青，杜鹃等新农村绿化用苗	2015-04-21

更多> 更多>

点击某一信息的标题，进入该信息的详细页面进行浏览，如下图所示。

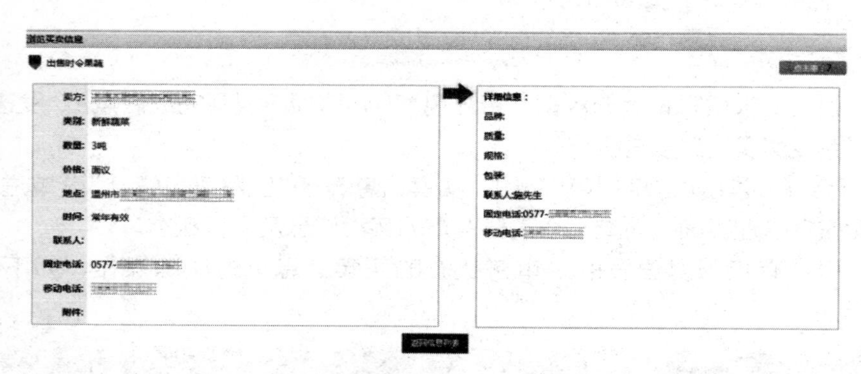

（4）买卖信息草稿箱：“买卖信息草稿箱”菜单是提供给用户在发布买卖信息时暂时存储买卖信息草稿的中转站，为方便用户操作而设立的。

用户只需点击“买卖信息”→“买卖信息草稿箱”菜单进入买卖信息草稿箱列表，如下图所示。

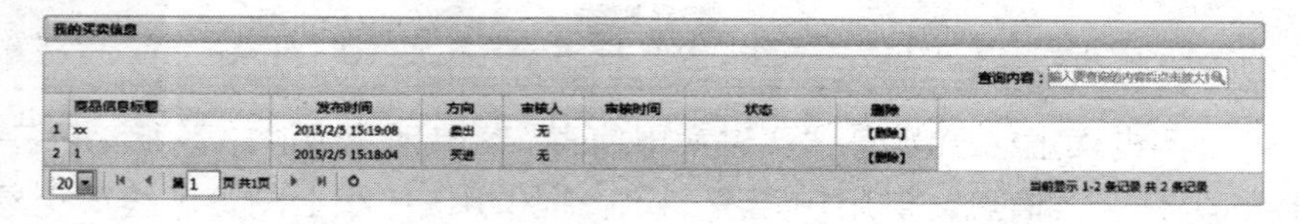

用户可以双击买卖信息记录，进入买卖信息编辑页面继续编辑买卖信息后发布，也可根据需要删除不必要的买卖信息草稿。

2.“每日一助”

（1）服务简介：用户点击“每日一助”→“服务简介”进入服务简介界面，服务简介主要包括服务文件和服务说明两大类，用户可以分别点击“服务文件”和“服务说明”切换查看其中的内容，如下图所示。

“服务文件”如下图所示。

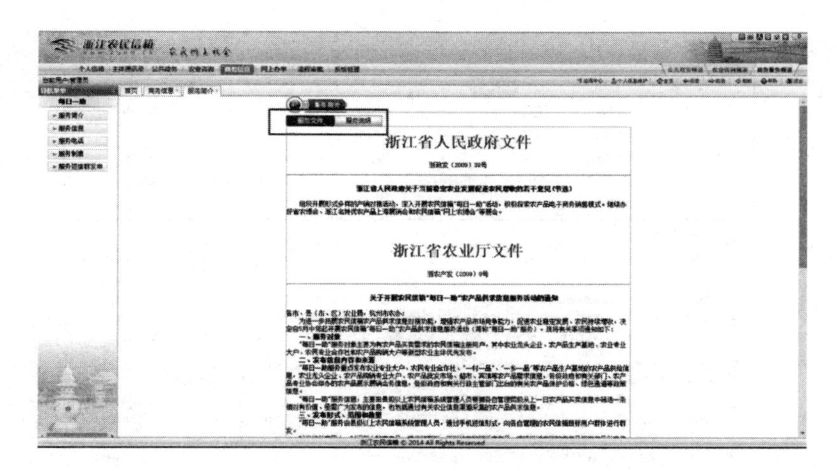

“服务说明”如下图所示。

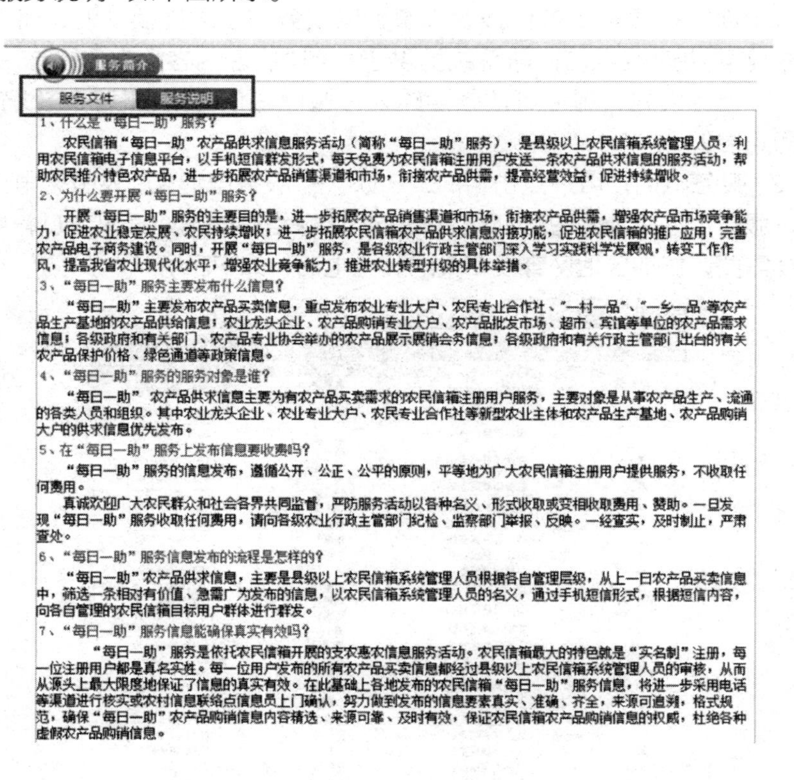

1、什么是“每日一助”服务？

农民信箱“每日一助”农产品供求信息服务活动（简称“每日一助”服务），是县级以上农民信箱系统管理人员，利用农民信箱电子信息平台，以手机短信群发形式，每天免费为农民信箱注册用户发送一条农产品供求信息的服务活动，帮助农民推介特色农产品，进一步拓展农产品销售渠道和市场，衔接农产品供需，提高经营效益，促进持续增收。

2、为什么要开展“每日一助”服务？

开展“每日一助”服务的主要目的是，进一步拓展农产品销售渠道和市场，衔接农产品供需，增强农产品市场竞争能力，促进农业稳定发展、农民持续增收；进一步拓展农民信箱农产品供求信息对接功能，促进农民信箱的推广应用，完善农产品电子商务建设。同时，开展“每日一助”服务，是各级农业行政主管部门深入学习实践科学发展观，转变工作作风，提高我省农业现代化水平，增强农业竞争能力，推进农业转型升级的具体举措。

3、“每日一助”服务主要发布什么信息？

“每日一助”主要发布农产品买卖信息，重点发布农业专业大户、农民专业合作社、“一村一品”、“一乡一品”等农产品生产基地的农产品供给信息；农业龙头企业、农产品购销专业大户、农产品批发市场、超市、宾馆等单位的农产品需求信息；各级政府和有关部门、农产品专业协会举办的农产品展示展销会务信息；各级政府和有关行政主管部门出台的有关农产品保护价格、绿色通道等政策信息。

4、“每日一助”服务的服务对象是谁？

“每日一助” 农产品供求信息主要为有农产品买卖需求的农民信箱注册用户服务，主要对象是从事农产品生产、流通的各类人员和组织。其中农业龙头企业、农业专业大户、农民专业合作社等新型农业主体和农产品生产基地、农产品购销大户的供求信息优先发布。

5、在“每日一助”服务上发布信息要收费吗？

“每日一助”服务的信息发布，遵循公开、公正、公平的原则，平等地为广大农民信箱注册用户提供服务，不收取任何费用。

真诚欢迎广大农民群众和社会各界共同监督，严防服务活动以各种名义、形式收取或变相收取费用、赞助。一旦发现“每日一助”服务收取任何费用，请向各级农业行政主管部门纪检、监察部门举报、反映。一经查实，及时制止，严肃查处。

6、“每日一助”服务信息发布的流程是怎样的？

“每日一助”农产品供求信息，主要是县级以上农民信箱系统管理人员根据各自管理层级，从上一日农产品买卖信息中，筛选一条相对有价值、急需广为发布的信息，以农民信箱系统管理人员的名义，通过手机短信形式，根据短信内容，向各自管理的农民信箱目标用户群体进行群发。

7、“每日一助”服务信息能确保真实有效吗？

“每日一助”服务是依托农民信箱开展的支农惠农信息服务活动。农民信箱最大的特色就是“实名制”注册，每一位注册用户都是真名实姓。每一位用户发布的所有农产品买卖信息都经过县级以上农民信箱系统管理人员的审核，从而从源头上最大限度地保证了信息的真实有效。在此基础上各地发布的农民信箱“每日一助”服务信息，将进一步采用电话等渠道进行核实或农村信息联络点信息员上门确认，努力做到发布的信息要素真实、准确、齐全，来源可追溯，格式规范，确保“每日一助”农产品购销信息内容精选、来源可靠、及时有效，保证农民信箱农产品购销信息的权威，杜绝各种虚假农产品购销信息。

（2）服务信息：用户点击“每日一助”→“服务信息”进入服务信息界面，服务信息主要汇总了浙江省各个地区的“每日一助”服务信息，用户可以根据地区查找相关的服务信息，如下图所示。

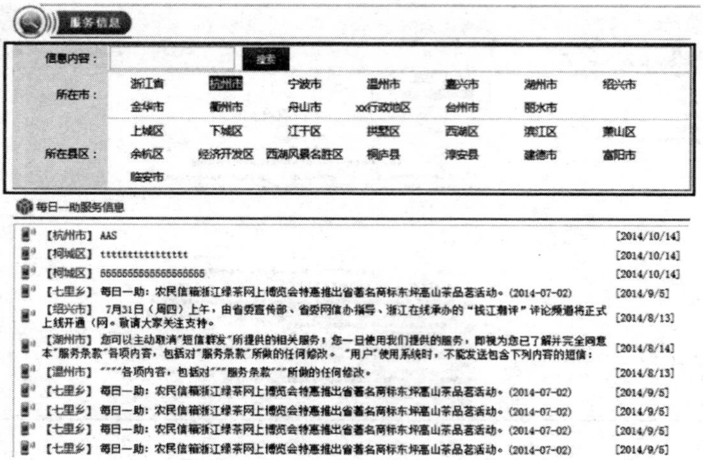

服务信息

信息内容：　搜索

所在市：浙江省　杭州市　宁波市　温州市　嘉兴市　湖州市　绍兴市　金华市　衢州市　舟山市　xx行政地区　台州市　丽水市

所在县区：上城区　下城区　江干区　拱墅区　西湖区　滨江区　萧山区　余杭区　经济开发区　西湖风景名胜区　桐庐县　淳安县　建德市　富阳市　临安市

每日一助服务信息

【杭州市】AAS [2014/10/14]
【柯城区】tttttttttttttttt [2014/10/14]
【柯城区】5555555555555555555 [2014/10/14]
【七里乡】每日一助：农民信箱浙江绿茶网上博览会特惠推出省著名商标东坪高山茶品茗活动。(2014-07-02) [2014/9/5]
【绍兴市】 7月31日（周四）上午，由省委宣传部、省委网信办指导、浙江在线承办的“钱江潮评”评论频道将正式上线开通（网。敬请大家关注支持。 [2014/8/13]
【湖州市】您可以主动取消“短信群发”所提供的相关服务；您一旦使用我们提供的服务，即视为您已了解并完全同意本“服务条款”各项内容，包括对“服务条款”所做的任何修改。“用户”使用系统时，不能发送包含下列内容的短信： [2014/8/14]
【温州市】“”“”各项内容，包括对“”“”服务条款“”“”所做的任何修改。 [2014/8/13]
【七里乡】每日一助：农民信箱浙江绿茶网上博览会特惠推出省著名商标东坪高山茶品茗活动。(2014-07-02) [2014/9/5]
【七里乡】每日一助：农民信箱浙江绿茶网上博览会特惠推出省著名商标东坪高山茶品茗活动。(2014-07-02) [2014/9/5]
【七里乡】每日一助：农民信箱浙江绿茶网上博览会特惠推出省著名商标东坪高山茶品茗活动。(2014-07-02) [2014/9/5]
【七里乡】每日一助：农民信箱浙江绿茶网上博览会特惠推出省著名商标东坪高山茶品茗活动。(2014-07-02) [2014/9/5]

最上面一行显示了条件搜索引擎，当服务信息数量很多时，可以利用该功能实现快速搜索。目前系统提供了按照“信息内容”“所在市”“所在县区”等查找模式，用户可按条件输入一些已知信息进行快速查找到指定的服务信息。

（3）服务电话：用户点击“每日一助”→“服务电话”进入服务电话列表界面，服务电话主要汇总了浙江省各个地区联络站的电话号码信息，用户可以根据需要，按地区地区查找相关的服务电话，如下图所示。

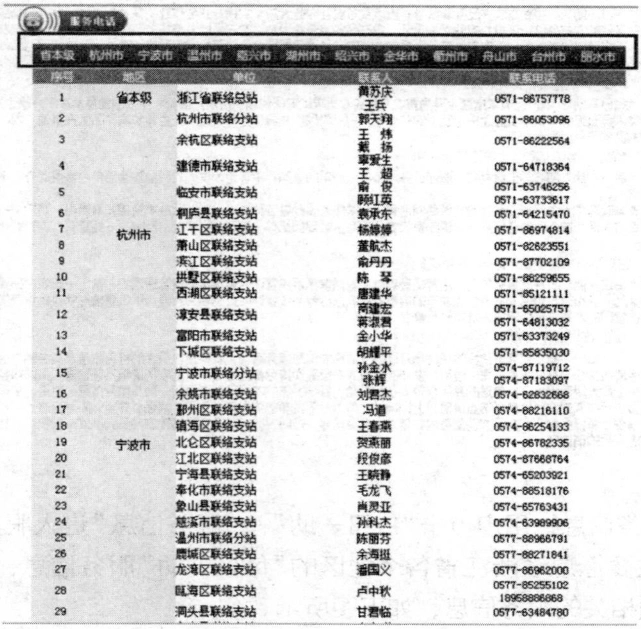

服务电话

省本级　杭州市　宁波市　温州市　嘉兴市　湖州市　绍兴市　金华市　衢州市　舟山市　台州市　丽水市

序号	地区	单位	联系人	联系电话
1	省本级	浙江省联络总站	黄苏庆 王兵	0571-86757778
2	杭州市	杭州市联络分站	郭天翔	0571-86053096
3		余杭区联络支站	王炜 戴扬	0571-86222564
4		建德市联络支站	覃爱生 王超	0571-64718364
5		临安市联络支站	俞俊 顾红英	0571-63746256 0571-63733617
6		桐庐县联络支站	袁承东	0571-64215470
7		江干区联络支站	杨婷婷	0571-86974814
8		萧山区联络支站	董航杰	0571-82623551
9		滨江区联络支站	俞丹丹	0571-87702109
10		拱墅区联络支站	陈琴	0571-88259655
11		西湖区联络支站	唐建华	0571-85121111
12		淳安县联络支站	商建宏 蒋淑君	0571-65025757 0571-64813032
13		富阳市联络支站	金小华	0571-63373249
14		下城区联络支站	胡耀平	0571-85835030
15	宁波市	宁波市联络分站	孙金水 张辉	0574-87119712 0574-87183097
16		余姚市联络支站	刘君杰	0574-62832668
17		鄞州区联络支站	冯道	0574-88216110
18		镇海区联络支站	王春燕	0574-86254133
19		北仑区联络支站	贺燕丽	0574-86782335
20		江北区联络支站	段俊彦	0574-87668764
21		宁海县联络支站	王晓静	0574-65203921
22		奉化市联络支站	毛龙飞	0574-88518176
23		象山县联络支站	肖灵亚	0574-65763431
24		慈溪市联络支站	孙科杰	0574-63989906
25		温州市联络分站	陈丽芬	0577-88966791
26		鹿城区联络支站	余海挺	0577-88271841
27		龙湾区联络支站	潘国义	0577-86962000
28		瓯海区联络支站	卢中秋	0577-85255102 18958886868
29		洞头县联络支站	甘君临	0577-63484780

最上面一行显示了条件搜索引擎，当服务信息数量很多时，可以利用该功能实现快速搜索。目前，只系统提供了按照“浙江省地区”分类查找模式，用户可按根据所要查找的服务电话的所属地区来查找到指定的服务电话信息。

（4）服务制度：用户点击“每日一助”→“服务制度”进入服务制度界面，服务信息主要包括“农民信箱”“每日一助”农产品供求信息服务制度和“农民信箱”“每日一助”农产品供求信息服务协议，如下图所示。

农民信箱“每日一助”农产品供求信息服务制度

农民信箱“每日一助”农产品供求信息服务（以下简称“每日一助”服务）是促进农业稳定发展、农民持续增收的重要手段，是推进农业转型升级、增强农产品竞争能力的有效途径，是我省农业信息化建设和农村信息服务的重要组成部分。为进一步规范农民信箱“每日一助”服务活动，制定本制度。

一、 服务对象

农民信箱“每日一助”服务主要为有农产品买卖需求的农民信箱注册用户提供信息服务。农业龙头企业、农民专业合作社、农产品生产基地、农业专业大户、购销大户等新型农业主体可优先获取服务。

二、 服务机构和职责

1、服务机构

农民信箱“每日一助”服务由省、市、县三级农业信息部门共同组织管理，各级农民信箱联络机构负责实施具体工作。

2、管理机构职责

（1）加强领导，认真组织开展“每日一助”服务。要落实责任，严格考评，把“每日一助”服务作为一项重要的农业信息工作列入部门工作重点考核指标，实行目标责任制管理。

（2）提高“每日一助”服务效能。大力发展超市、大专院校食堂、农产品批发市场、农产品购销大户等农产品消费群体加入农民信箱。认真清理、规范农民信箱用户资料，提高信息服务的针对性和服务效率。

（3）加强“每日一助”服务工作宣传。要以新闻报道、展览展示、现场会、经验交流等形式，大力宣传、推广“每日一助”服务的典型经验和应用成效。表彰奖励服务实、成效大、深受农民群众欢迎的服务机构和服务人员，营造农村信息推广应用的良好氛围。

（4）积极组织、协调、指导辖区内乡镇、行政村开展“每日一助”服务，充分发挥农民信箱基层联络点作用。加强对“每日一助”服务的监督和管理。

3、实施机构工作职责

（1）各级农民信箱联络站要确定服务人员，原则上实行A、B岗位，做好“每日一助”信息服务工作。

（2）“每日一助”服务人员应恪守服务制度，严格遵循农产品供求信息的采集和发布程序，所有发布的信息要素真实、准确、齐全，来源可追溯。

（3）“每日一助”服务人员应及时了解、准确把握当地主要农产品供求趋势，主动收集、发布农产品供求信息，提高信息服务质量，促进农产品供需对接。

（4）“每日一助”服务人员应建立“每日一助”服务档案，做好服务成效的收集、反馈和报送工作。

三、 服务承诺制度

1、确立公开、公平、无偿的服务原则。

各级农民信箱服务机构应通过当地农业门户网站和农民信箱公开“每日一助”服务的服务内容、服务时间、服务流程，使服务对象了解“每日一助”服务方式。各级服务人员应平等地为农民信箱用户提供“每日一助”服务，不得收取任何形式的费用和赞助。

2、确保服务渠道畅通。

各级服务人员应保持“每日一助”服务渠道通畅，态度良好，对服务需求应在2个工作日内是否受理做出答复。

3、严格遵守有关法律法规。

各级服务人员必须遵守国家法律法规和互联网管理有关政策规定，严禁发布各类非法信息。

4、接受社会监督。

农民信箱“每日一助”农产品供求信息服务协议

甲 方：______________农民信箱联络（总、分、支）站
乙 方：______________
姓名或法定代表：____________ 农民信箱用户名：____________
身份证号码：____________ 手机号码：____________
农民信箱中的所在位置：________________________

为促进农业稳定发展、农民持续增收，增强农产品市场竞争能力，甲方通过农民信箱群发短信平台，免费为乙方发布农产品供求信息。经甲乙双方协商签订本协议，协议条款如下： 一、乙方提供的农产品供求信息内容为：________________________

二、甲、乙双方的权利和义务：

1、乙方保证所提供的农产品供求信息准确无误、真实有效，内容符合国家相关法律法规。乙方保证合法使用其所提供的供求信息，并对该信息引发的后续交易等一切活动承担全部法律责任。

2、乙方保证所供应的农产品为本人（本单位）所有或具有相应的处分权利，或所求购的农产品信息为本人（本单位）真实意愿。

3、甲方有权根据法律、合同主旨及本单位工作需要决定本信息是否予以发布。本信息的发布（包括但不限于发布方式、发布时间、发布次数、发送对象、群发范围）均由甲方统筹安排。甲方不承担任何因提供服务或不提供服务给乙方造成的损失和相关的法律责任。

4、甲方作为信息发布平台对发布的信息仅作形式审查，对发布信息内容的真实性及后续进行的交易不进行任何控制和参与，因此也不承担由此引发的任何责任，乙方应对其信息发布所造成的任何后果承担完全责任。由此造成的争议、诉讼及其他纠纷由乙方自行解决，与甲方无关。

5、经乙方申请，甲方可直接将本信息转发到其他农民信箱联络站点发布，不再另签协议。

6、信息发布后的10天内，乙方有义务记录服务信息发布后取得的反馈联系次数、意向交易、成交量、成交金额等服务成效情况。

7、信息发布后的一个月以内，甲方有权要求乙方提供其所记录的服务成效情况，乙方应将上述情况以书面或农民信箱电子邮件形式告知甲方。

三、甲、乙双方均认可农民信箱实名用户注册机制，且均确认本协议可通过农民信箱以电子文件形式远程签订，与纸质文件具有同等法律效力。

远程签订的具体方式是：甲方向乙方提供本协议标准电子文本；乙方完整填写本协议并署名，通过农民信箱以附件形式回复甲方，即视为签订；乙方直接向甲方发送其欲发布的供求信息（署名）并表明已阅读并接受本协议亦视为签订。

四、本协议自签订或乙方签订本合同的电子文件被甲方收到之日起生效。

甲方：______ 农民信箱联络__站	乙方：______
责任代表：	责任代表：
签订日期：____年__月__日	签订日期：____年__月__日

下载服务协议

用户可以点击页面最下方左下角的“下载服务协议”，点击“下载”即可，如下图所示。

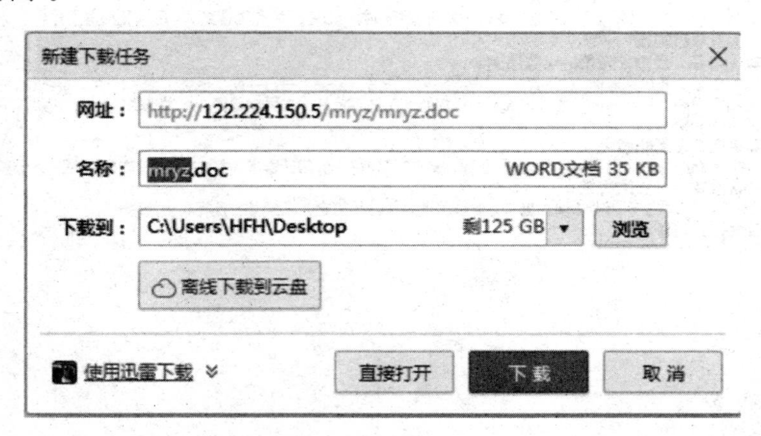

（5）“每日一助”短信群发：用户点击“每日一助”→“‘每日一助’群发申请”进入短信群发编辑界面，用户只需选择发送范围、发送时间，填写短信内容，选择信息类别(“只发送短信”“只发送邮件”“发送短信及邮件”)，有附件的还可上传附件，勾选“群发协议”复选框，点击“提交”即可完成短信群发申请，如下图所示。

短信群发申请

时间：2015/4/23

发送范围：　选择

发送时间：2015-04-23

短信内容：

信息类别：只发送短信　只发送邮件　发送短信及邮件

邮件附件：添加附件 |

邮件正文：

群发协议：如您不同意本"服务条款"，您可以主动取消"短信群发"所提供的相关服务；您一旦使用我们提供的服务，即视为您已了解并完全同意本"服务条款"各项内容，包括对"服务条款"所做的任何修改。
"用户"使用系统时，不能发送包含下列内容的短信：

我同意上面的群发协议

提交

点击提交后提示“您的申请已提交，等待管理员审批”，提交后的短信申请由上级管理员和负责人审批后才可发送。

3. 浙江“网上农博会”

系统提供了“浙江网上‘农博会’”的快捷方式，方便用户快速浏览“网上农博会”的相关信息，如下图所示。

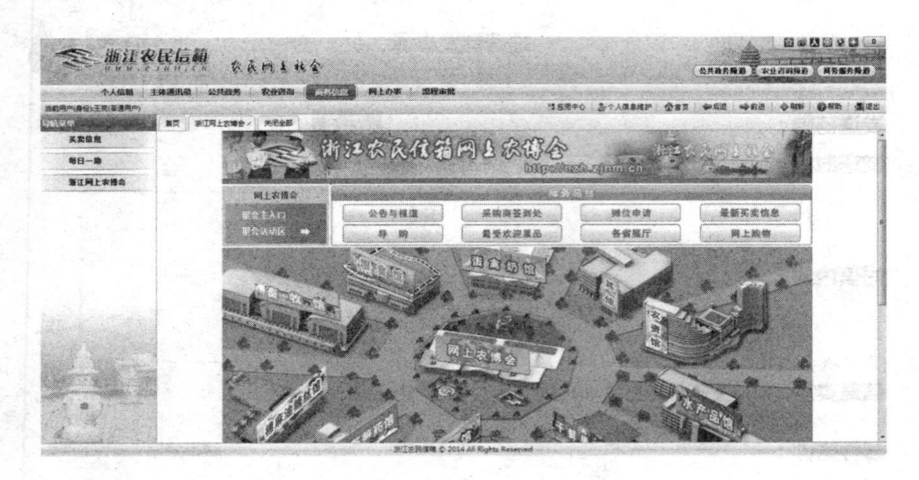

（七）网上办事

网上办事板块目前主要包括网上办事、网上调查、考试系统3部分。

1. 网上办事

网上办事栏目主要提供了中国农业信息网、浙江农业信息网、省农业厅网上办事系统、农业行政审批、农产品质量安全、农业中等教育机构的超链接，方便用户查找使用，如下图所示。

2. 网上调查

（1）发布网上调查：用户点击“网上调查”→“发布网上调查”进入网上调查问卷编制界面，如下图所示。

首先要选择调查区域，输入调查标题、调查单位、调查说明，并选择调查的起止日期（其中，调查区域、调查标题为必填项），填写完毕后，点击“在此位置插入新问题”按钮，进入调查问题添加页面，可添加问题包括单选题、多选题、数据题、开放题、描述题几大类，如下图所示。

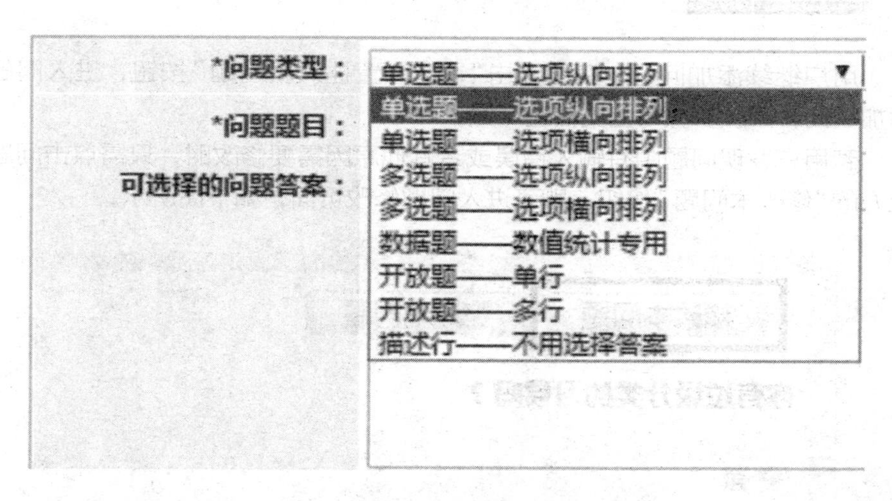

用户根据实际情况选择问题类型，输入问题标题和答案，点击“添加”按钮即可将问题添加成功，如下图所示。

网上调查问卷编制--调查问题的添加

添加 取消

*问题类型：单选题——选项纵向排列

*问题题目：你有垃圾分类的习惯吗？

可选择的问题答案：在下面每一行键入一个选项

有

没有

添加 取消

添加成功的问题则在调查问卷编制页面上显示，如下图所示。

用户继续添加问题，只需点击“在此位置插入新问题”按钮，进入问题添加页面，添加步骤与上文描述一致。

若用户发现问题中有输入错误或者其他原因需要修改时，只需点击问题上方的“修改本问题”按钮，即可进入问题修改页面，如下图所示。

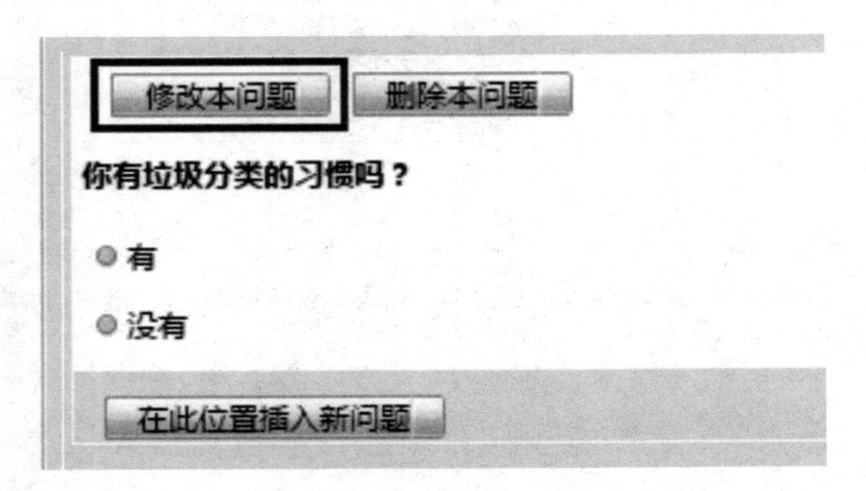

问题修改完成后，点击“保存”即可将修改的信息更新在调查问卷编制页面上，点击“返回”则不修改内容，如下图所示。

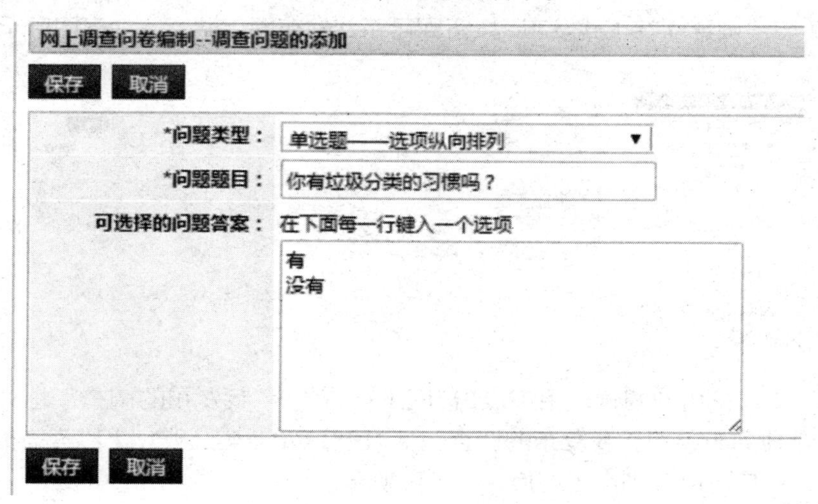

若用户认为部分问题需要删除时，只需点击问题上方的“删除本问题”按钮，即会提示“是否将此问题删除”，点击“确定”则删除成功，点击“返回”则不删除，如下图所示。

当用户由于个人原因未将调查问卷编制完成而需要离开此页面，用户可点击“调查问卷保存为草稿”按钮，将未完成的调查问卷保存在草稿箱，以便下次继续编制，如下图所示。

当所有问题都插入完毕后，用户可点击“调查问卷预览”按钮，查看调查问卷格式是否正常，输入是否正确，若一切都正确无误，用户退出预览页面，点击“调查问卷正式发布”按钮即可正式发布网上调查，如下图所示。

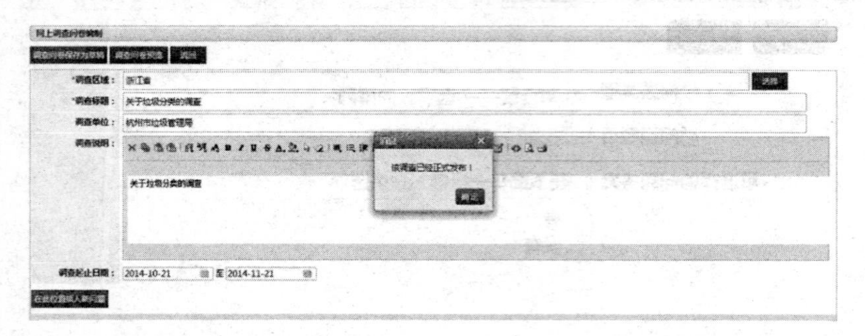

（2）我发布的调查：用户点击“网上调查”→“我发布的调查”进入网上调查管理列表界面，我发布的调查包括“已发布的网上调查”和“草稿箱”两大类，用户可以分别点击切换，如下图所示。

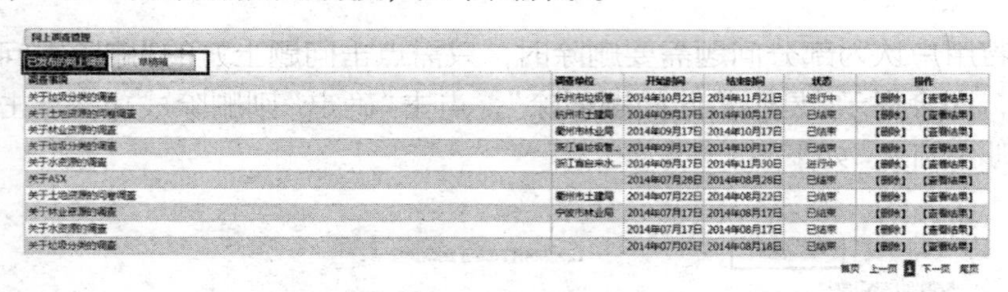

调查事项	调查单位	开始时间	结束时间	状态	操作
关于垃圾分类的调查	杭州市垃圾管...	2014年10月21日	2014年11月21日	进行中	【删除】 【查看结果】
关于土地资源的问卷调查	杭州市土建局	2014年09月17日	2014年10月17日	已结束	【删除】 【查看结果】
关于林业资源的调查	衢州市林业局	2014年09月17日	2014年10月17日	已结束	【删除】 【查看结果】
关于垃圾分类的调查	浙江省垃圾管...	2014年09月17日	2014年10月17日	已结束	【删除】 【查看结果】
关于水资源的调查	浙江省自来水...	2014年09月17日	2014年11月30日	进行中	【删除】 【查看结果】
关于ASX		2014年07月28日	2014年08月28日	已结束	【删除】 【查看结果】
关于土地资源的问卷调查	衢州市土建局	2014年07月22日	2014年08月22日	已结束	【删除】 【查看结果】
关于林业资源的调查	宁波市林业局	2014年07月17日	2014年08月17日	已结束	【删除】 【查看结果】
关于水资源的调查		2014年07月17日	2014年08月17日	已结束	【删除】 【查看结果】
关于垃圾分类的调查		2014年07月02日	2014年08月18日	已结束	【删除】 【查看结果】

界面中以列表方式显示了已发布网上调查的调查事项、调查单位、开始时间、结束时间、状态、操作等信息。

查看已发布的网上调查：点击网上调查标题进入网上调查的详细页面查看。查看完毕后点击“退出”关闭此页面，如下图所示。

删除已发布的网上调查：只能通过点击网上调查记录对应操作区下“删除”按钮逐一删除对应的网上调查信息。删除后不可恢复，删除时需慎重。

查看结果：用户可以查看某一网上调查的调查结果，只需点击网上调查记录对应操作区下“查看结果”按钮，页面则跳转至该记录的调查结果报告界面，如下图所示。

页面详细记录了每个问题的投票人数和所占比例，点击每个答案对应的“详细结果”，页面记录了该答案的选择人信息，如下图所示。

若用户想要了解或分析调查结果，可以点击“导出Excel”按钮，把网上

调查的详细报告下载“保存”至本机上浏览分析，如下图所示。

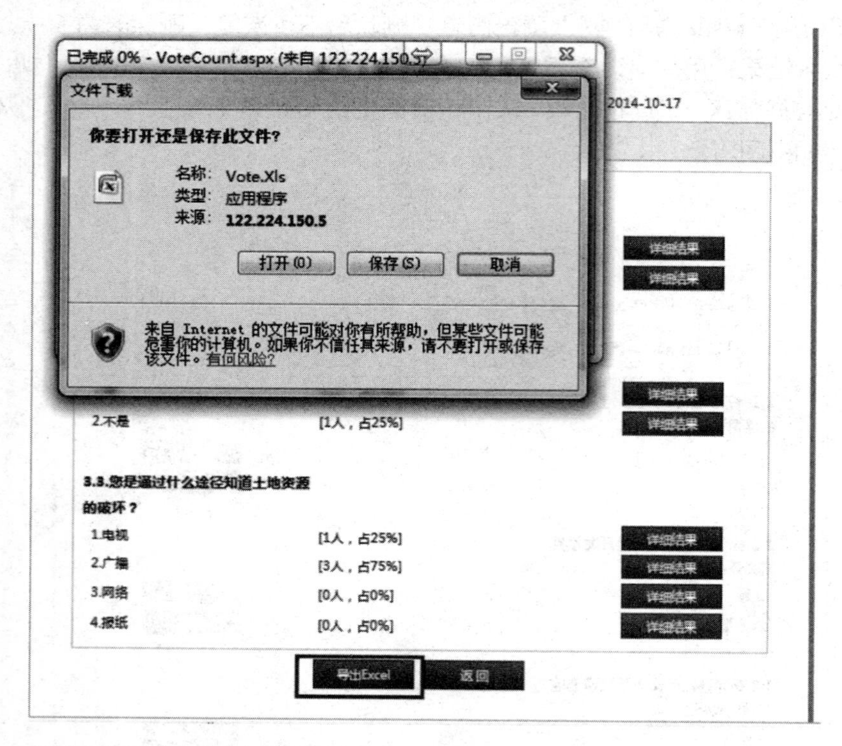

用户切换选项卡至“草稿箱”，如下图所示。

网上调查管理

已发布的网上调查　草稿箱

调查事项	调查单位	开始时间	结束时间	状态	操作
关于垃圾回收的调查	杭州市垃圾管...	2014年10月21日	2014年11月21日	进行中	[删除]
搜索	[illegible]	2014年09月17日	2014年10月17日	已结束	[删除]
关于土地资源的问卷调查	杭州市土建局	2014年09月17日	2014年12月30日	进行中	[删除]
是	[illegible]	2014年09月17日	2014年10月17日	已结束	[删除]
xx		2014年09月04日	2014年10月04日	已结束	[删除]
aa		2014年09月04日	2014年10月04日	已结束	[删除]
搜索		2014年08月26日	2014年09月26日	已结束	[删除]
搜索		2014年08月26日	2014年09月26日	已结束	[删除]
dd		2014年08月25日	2014年09月25日	已结束	[删除]
aa		2014年08月25日	2014年09月25日	已结束	[删除]
信息		2014年08月25日	2014年09月25日	已结束	[删除]
信息		2014年08月25日	2014年09月25日	已结束	[删除]
搜索		2014年08月22日	2014年09月22日	已结束	[删除]
aa		2014年08月22日	2014年09月22日	已结束	[删除]
想		2014年08月21日	2014年09月21日	已结束	[删除]

首页 上一页 1 2 下一页 尾页

用户可以点击网上调查事项标题进入调查问卷编辑页面，继续编辑未完成的网上调查，完成后点击“正式发布网上调查”。或者根据需要删除一些无意义、不需要的网上调查草稿，保证草稿箱的记录清晰明了。

（3）参与网上调查：用户点击“网上调查”→“参与网上调查”进入正在进行中的网上调查列表界面，如下图所示。

正在进行中的网上调查

浙江省调查

调查事项	调查填写	调查单位	开始时间	结束时间	查看结果
关于垃圾分类的调查	未填写	杭州市垃圾管理局	2014年10月21日	2014年11月21日	【查看结果】
新版农民信箱用户体验调查	未填写	农业厅信息中心	2014年10月20日	2014年11月20日	【查看结果】
关于水资源的调查	已填写	浙江省自来水中心	2014年09月17日	2014年11月30日	【查看结果】

首页 上一页 1 下一页 尾页

界面中以列表方式显示了正在进行中的网上调查的调查事项、填写状态、开始时间、结束时间、查看结果等信息。

参与网上调查：首先根据填写状态判断是否已经参与过网上调查，系统规定每个账号对某一调查只能参与一次。

若填写状态为“未填写”，点击网上调查标题进入网上调查信息查看页面。该页面下包含“查看结果”“确认提交”“放弃按钮”3个按钮，如下图所示。

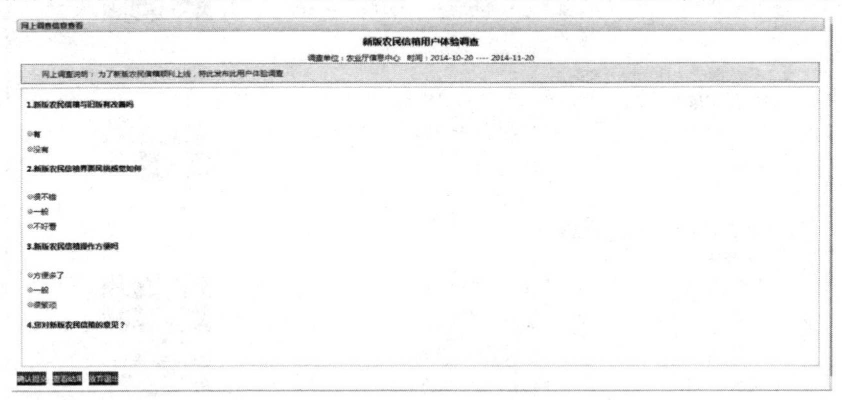

用户根据个人意向选择相应的问题答案，全部回答后方可点击“确认提交”按钮，才能正常提交，若有漏填系统会有验证提示告知“调查未填完整请填写剩余问题”，如下图所示。

系统规定用户必须先参加调查才能查看结果，若用户未参加本次网上调查直接点击“查看结果”，系统会验证提示告知“必须先参加调查才能查看结果”，如下图所示。

查看结果：待用户参与本次调查后再次点击“查看结果”按钮，页面则跳转至该记录的调查结果报告界面，如下图所示。

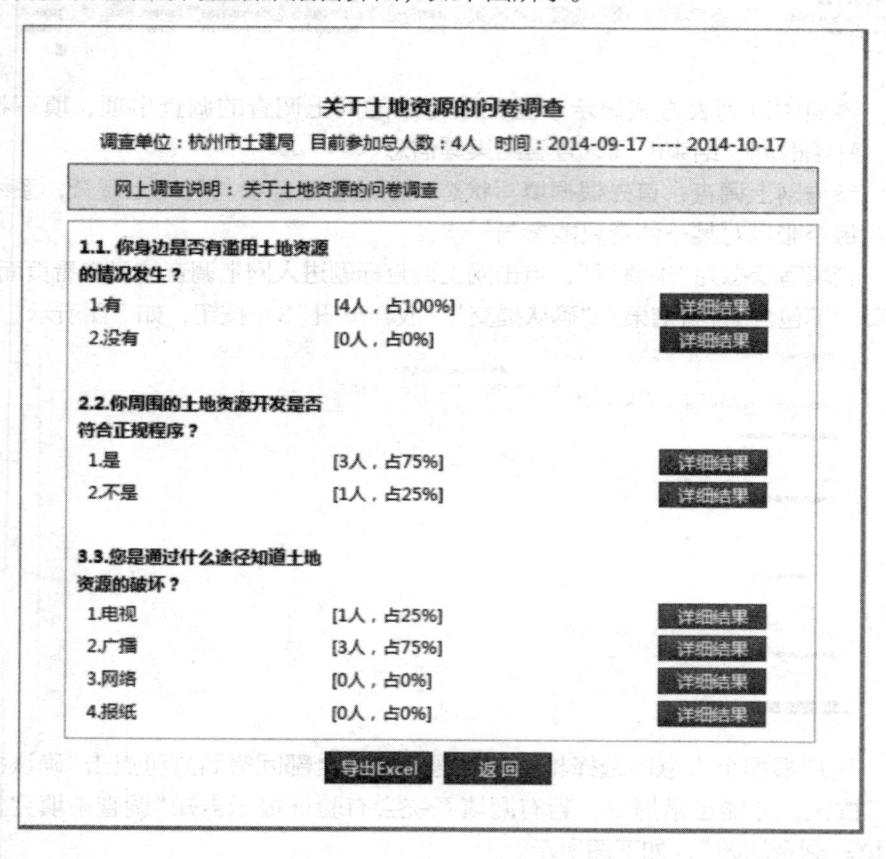

页面详细记录了每个问题的投票人数和所占比例，点击每个答案对应的“详细结果”，页面记录了该答案的选择人信息，如下图所示。

若用户想要了解或分析调查结果，可以点击“导出Excel”按钮，把网上调查的详细报告下载“保存”至本机上浏览分析，如下图所示。

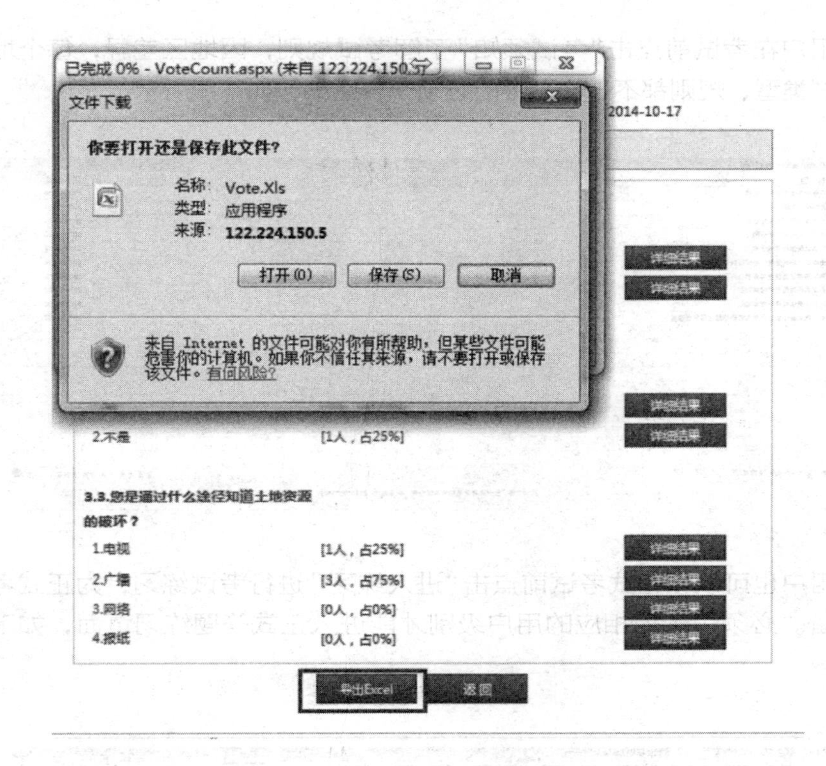

3.考试系统

考试系统栏目主要汇总了浙江省本级和各个市的“农民信箱”考试试卷，用户可根据自身的地区选择相应的“农民信箱”试卷进行测试，如下图所示。

用户在考试前点击“考试须知”了解考试规则，因地区差异，每个地区的考试类型、规则都不一样，考前必须了解透彻，如下图所示。

用户也可以在正式考试前点击“进入练习”进行考试练习，为正式考试做准备。必须先选择相应的用户级别才能进入正式答题练习页面，如下图所示。

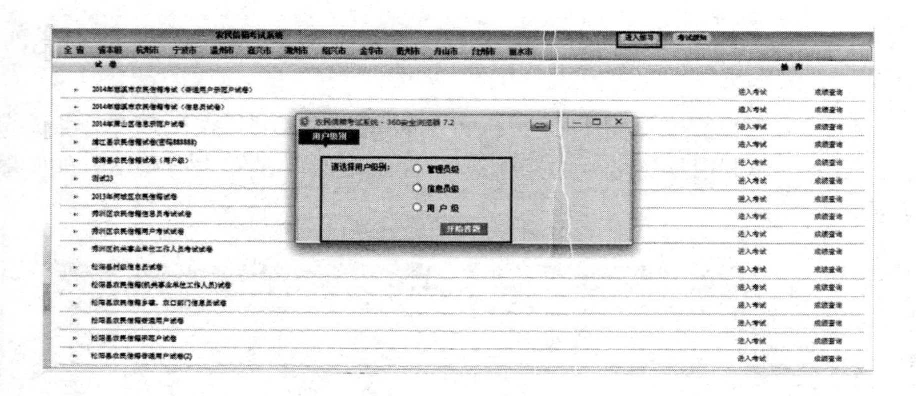

若用户要正式考试，只需点击相应试卷对应的“进入考试”按钮，输入用户名、试卷密码即可登录正式考试平台进行考试，如下图所示。

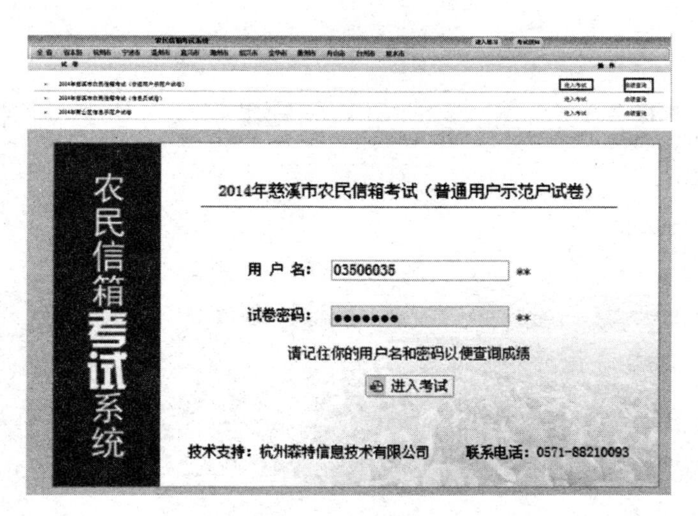

待用户正式提交试卷后，可点击试卷对应“成绩查询”按钮查询成绩，同样也要输入用户名、试卷密码才能进行成绩查询，如下图所示。

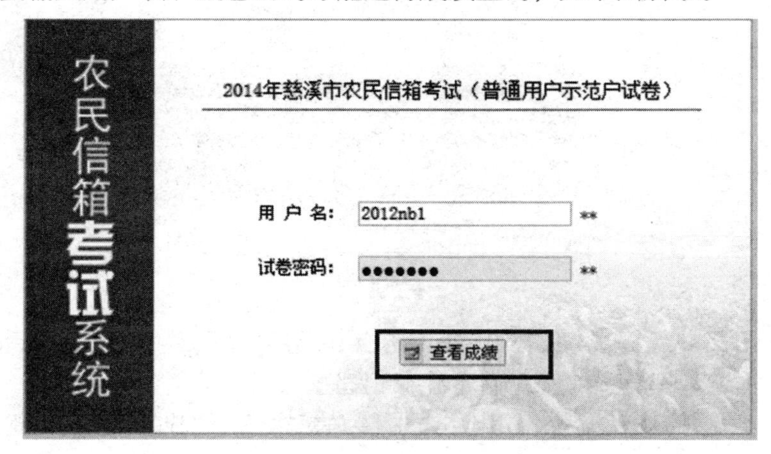

（八）流程审批

流程审批板块目前主要包括短信群发和建议投诉两大部分。

1.短信群发

（1）短信群发申请：用户点击“群发流程”→“群发申请”进入短信群发编辑界面，用户只需选择发送范围、发送时间，填写短信内容，选择信息类别（“只发送短信”“只发送邮件”“发送短信及邮件”），有附件的还可上传附件。勾选“群发协议”复选框，点击“提交”即可完成短信群发申请，如下图所示。

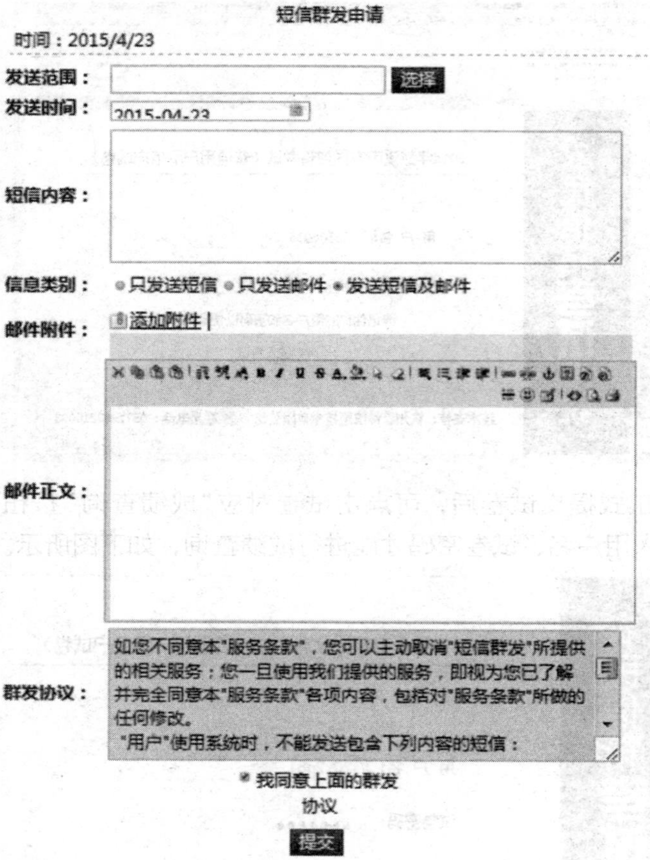

短信群发申请

时间：2015/4/23

发送范围：　选择

发送时间：2015-04-23

短信内容：

信息类别：只发送短信　只发送邮件　发送短信及邮件

邮件附件：添加附件

邮件正文：

群发协议：如您不同意本"服务条款"，您可以主动取消"短信群发"所提供的相关服务；您一旦使用我们提供的服务，即视为您已了解并完全同意本"服务条款"各项内容，包括对"服务条款"所做的任何修改。
"用户"使用系统时，不能发送包含下列内容的短信：

我同意上面的群发协议

提交

点击提交后提示“您的申请已提交，等待管理员审批”，提交后的短信申请由上级管理员和负责人审批后才可发送。

（2）“我的群发申请”：用户点击“短信群发”→“我的群发申请”进入我的短信申请列表界面，如下图所示。

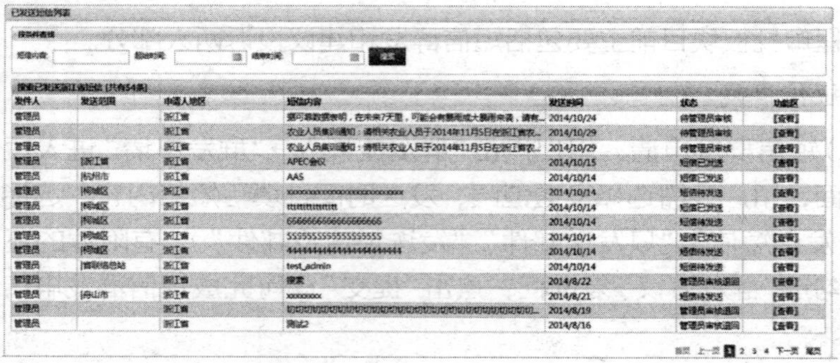

已发送短信列表

按条件查询

短信内容：　起始时间：　结束时间：　搜索

搜索已发送浙江省短信（共有54条）

发件人	发送范围	申请人地区	短信内容	发送时间	状态	功能区
管理员		浙江省	据可靠数据表明，在未来7天里，可能会有暴雨或大暴雨来袭，请有...	2014/10/24	待管理员审核	[查看]
管理员		浙江省	农业人员集训通知：请相关农业人员于2014年11月5日在浙江省农...	2014/10/29	待管理员审核	[查看]
管理员		浙江省	农业人员集训通知：请相关农业人员于2014年11月5日在浙江省农...	2014/10/29	待管理员审核	[查看]
管理员	浙江省	浙江省	APEC会议	2014/10/15	短信已发送	[查看]
管理员	杭州市	浙江省	AAS	2014/10/14	短信已发送	[查看]
管理员	柯城区	浙江省	xxxxxxxxxxxxxxxxxxxxxxxxxx	2014/10/14	短信待发送	[查看]
管理员	柯城区	浙江省	ttttttttttttttt	2014/10/14	短信已发送	[查看]
管理员	柯城区	浙江省	6666666666666666666	2014/10/14	短信待发送	[查看]
管理员	柯城区	浙江省	5555555555555555555	2014/10/14	短信已发送	[查看]
管理员	柯城区	浙江省	4444444444444444444444	2014/10/14	短信待发送	[查看]
管理员	省联络总站	浙江省	test_admin	2014/10/14	短信待发送	[查看]
管理员		浙江省	搜索	2014/8/22	管理员审核退回	[查看]
管理员	舟山市	浙江省	xxxxxxxx	2014/8/21	短信待发送	[查看]
管理员		浙江省	[illegible]...	2014/8/19	管理员审核退回	[查看]
管理员		浙江省	测试2	2014/8/16	管理员审核退回	[查看]

首页 上一页 1 2 3 4 下一页 尾页

界面中以列表方式显示了个人已申请短信群发记录的发件人、发送范围、申请人地区、短信内容、发送时间、状态、功能区等信息。用户可以中列表中的“状态”一列清晰的查看到个人短信群发申请的状态（“待管理员审核”“待负责人审核”“短信已发送”）。

查找“我的群发申请”：最上面一行显示了条件搜索引擎，当群发申请数量很多时，可以利用该功能实现快速搜索，目前，系统提供了按照“短信内容”“起始时间”“结束时间”等查找模式，用户可按条件输入一些已知信息进行快速搜索查找到指定的群发申请记录。

查看“我的群发申请”：点击短信群发申请的标题或者短信申请记录对应的功能区下“查看”按钮进入详细页面查看，如下图所示。

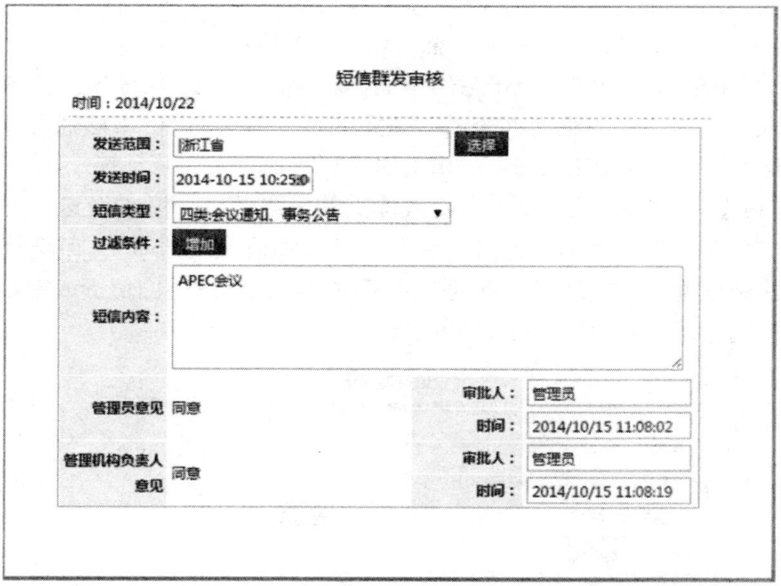

短信群发审核

时间：2014/10/22

发送范围：浙江省　选择

发送时间：2014-10-15 10:25:0

短信类型：四类:会议通知、事务公告

过滤条件：增加

短信内容：APEC会议

管理员意见　同意　审批人：管理员　时间：2014/10/15 11:08:02

管理机构负责人意见　同意　审批人：管理员　时间：2014/10/15 11:08:19

（3）管理员审核。用户提交的短信群发申请（主要包括“会议通知群发申请”“气象预警群发申请”“农技群发申请”“‘每日一助’群发申请”等）必须经过其本级的管理员、负责人审批通过后才能正式发送。若本级负责人在审批短信申请后认为可扩大发送范围，可将短信申请的发送范围推送到上级，再由上一级管理员、负责人审批或推送至省级（最高级），由相应的管理员、负责人继续审批。

管理员点击“群发流程”→“管理员审核”进入短信群发申请管理员审批界面，界面包含了“待处理短信”“已处理短信”“已发送短信”三大选项卡，在“待处理短信”选项卡中，管理员可以对用户提交的短信群发申请进行审批，对于有实际需要的短信给予审批通过，否则可以退回申请，如下图所示。

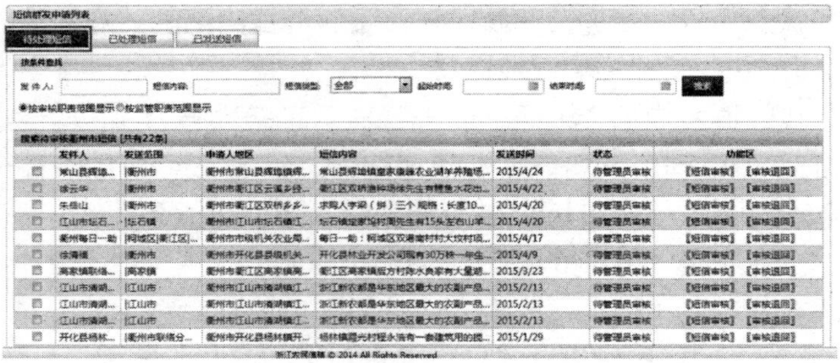

短信群发申请列表

待处理短信　已处理短信　已发送短信

按条件查找

发件人：　短信内容：　短信类型：全部　起始时间：　结束时间：　搜索

◉按审核职责范围显示 ○按监管职责范围显示

搜索待审核衢州市短信 [共有22条]

	发件人	发送范围	申请人地区	短信内容	发送时间	状态	功能区
□	常山县辉埠...	衢州市	衢州市常山县辉埠镇...	常山县辉埠镇[illegible]农业湖羊养殖场...	2015/4/24	待管理员审核	【短信审核】【审核退回】
□	徐云华	衢州市	衢州市衢江区云溪乡...	衢江区双桥[illegible]...	2015/4/22	待管理员审核	【短信审核】【审核退回】
□	朱桂山	衢州市	衢州市衢江区双桥乡乡...	求购人字梁（拱）三个 规格：长度10...	2015/4/20	待管理员审核	【短信审核】【审核退回】
□	江山市坛石...	坛石镇	衢州市江山市坛石镇江...	坛石镇[illegible]有15头左右山羊...	2015/4/20	待管理员审核	【短信审核】【审核退回】
□	衢州每日一助	柯城区|衢江区|...	衢州市市级机关农业局...	每日一助：柯城区双港[illegible]...	2015/4/17	待管理员审核	【短信审核】【审核退回】
□	[illegible]	衢州市	衢州市开化县县级机关...	开化县林业开发公司现有30万株一年生...	2015/4/9	待管理员审核	【短信审核】【审核退回】
□	高家镇[illegible]...	高家镇	衢州市衢江区高家镇高...	衢江区高家镇[illegible]...	2015/3/23	待管理员审核	【短信审核】【审核退回】
□	江山市清湖...	江山市	衢州市江山市清湖镇江...	浙江新农都是华东地区最大的农副产品...	2015/2/13	待管理员审核	【短信审核】【审核退回】
□	江山市清湖...	江山市	衢州市江山市清湖镇江...	浙江新农都是华东地区最大的农副产品...	2015/2/13	待管理员审核	【短信审核】【审核退回】
□	江山市清湖...	江山市	衢州市江山市清湖镇江...	浙江新农都是华东地区最大的农副产品...	2015/2/13	待管理员审核	【短信审核】【审核退回】
□	开化县杨林...	衢州市职能分...	衢州市开化县杨林镇开...	杨林镇[illegible]...	2015/1/29	待管理员审核	【短信审核】【审核退回】

浙江农民信箱 © 2014 All Rights Reserved

界面中以列表方式显示了待处理短信的发件人、发送范围、申请人地区、短信内容、发送时间、短信状态、功能区等信息。

查看/审核短信申请：点击短信申请标题或者功能区下的“短信审核”按钮，进入短信申请的详细页面查看，进入的页面最下方有“审核通过、审核退回”按钮，用户可在此点击完成审批操作。

【注意】审核时管理员改变申请人提交的发送范围、增加发送的过滤条件、短信类型，短信类别（短信类别根据所选短信类型改变），不选择短信类别无法审核通过。管理员审核通过的短信申请则继续转由负责人审批，负责人审批后才可正式发送，如下图所示。

短信群发审核

申请时间：2015-04-23　　如何设置群发审批负责人？

申请人：

申请人地区：

发送范围：衢州市　选择

过滤条件：增加

短信类型：二类：“每日一助”信息

短信内容：农业湖羊养殖场，占地13亩，建筑5幢，养殖规模2千只。有意合作、租用或转让者请联系龚先生：135

短信类别：□每日一助信息类别

发送时间：2015-04-24 11:19:37

短信后缀：发送人姓名

信息类别：只发送短信

管理员意见：同意　　审批人：(软件工程师)　时间：2015/4/24 11:19:37

通过　退回

查找短信申请：最上面一行显示了条件搜索引擎，当短信申请数量很多时，可以利用该功能实现快速搜索，目前系统提供了按照“发件人”“短信内容”“起始时间”“结束时间”等查找模式。管理员可按条件输入关键字可进行模糊搜索查询到指定的短信申请。

批量审批退回操作：将该短信申请前的方框打上“√”，点击列表下方的“审核”按钮即可进行短信批量审核退回操作。

审批状态查询：管理员在审批完短信申请后，在“已审核短信”选项卡中可实时查看该短信的审批状态，如下图所示。

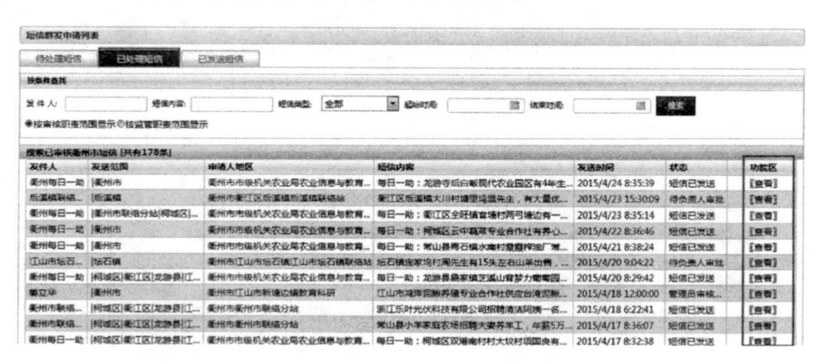

（4）负责人审批：管理员点击“群发流程”→“负责人审批”进入短信群发申请负责人审批界面，界面包含了“待处理短信”“已处理短信”“已发送短信”三大选项卡，整体格局与管理员审核页面一致。在“待审批短信”选项卡中，负责人可以查看到由管理员审批通过的短信申请，其状态为“待负责人审批”，如下图所示。

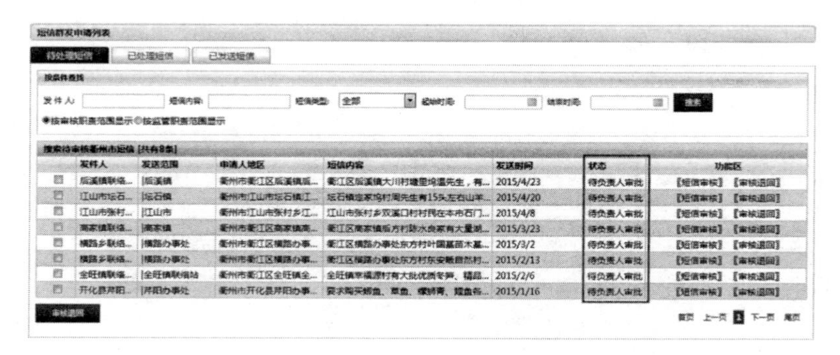

审批过程与管理员审批一致，操作方法和步骤可以参考“管理员审批”。

唯一与管理员审批不同的是，负责人认为某一短信申请具有更大的实际推广意义，可以将该短信申请扩大原本管理员限定的发送范围，点击“推送到上级”，再由上一级管理员、负责人审批是否发送该短信，如下图所示。

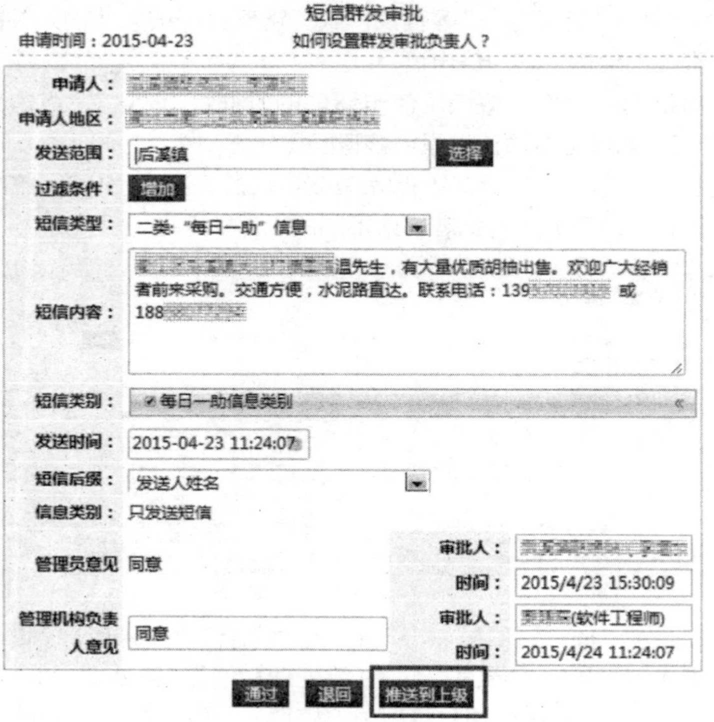

短信群发审批

申请时间：2015-04-23　　如何设置群发审批负责人？

申请人：[illegible]

申请人地区：[illegible]

发送范围：|后溪镇　选择

过滤条件：增加

短信类型：二类：“每日一助”信息

短信内容：[illegible]温先生，有大量优质胡柚出售。欢迎广大经销者前来采购。交通方便，水泥路直达。联系电话：139[illegible] 或 188[illegible]

短信类别：每日一助信息类别

发送时间：2015-04-23 11:24:07

短信后缀：发送人姓名

信息类别：只发送短信

管理员意见　同意　　审批人：[illegible]　时间：2015/4/23 15:30:09

管理机构负责人意见　同意　　审批人：[illegible](软件工程师)　时间：2015/4/24 11:24:07

通过　退回　推送到上级

审批状态查询：负责人在审批完短信申请后，在“已审核短信”选项卡中可实时查看该短信的审批状态为“短信待发送”，如下图所示。

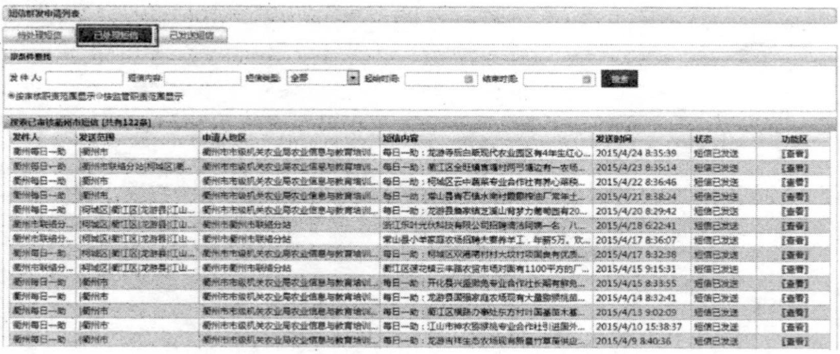

短信群发申请列表

待处理短信　已处理短信　已发送短信

按条件查找

发件人：　短信内容：　短信类型：全部　起始时间：　结束时间：　搜索

◉按审核职责范围显示 ○按监管职责范围显示

搜索已审核衢州市短信［共有122条］

发件人	发送范围	申请人地区	短信内容	发送时间	状态	功能区
衢州每日一助	|衢州市	衢州市市级机关农业局农业信息与教育培训...	每日一助：龙游等后台新现代农业园区有4年生红心...	2015/4/24 8:35:39	短信已发送	[查看]
衢州每日一助	|衢州市联络分站|柯城区|衢...	衢州市市级机关农业局农业信息与教育培训...	每日一助：衢江区全旺镇黄塘村阿弓福边有一农场...	2015/4/23 8:35:14	短信已发送	[查看]
衢州每日一助	|衢州市	衢州市市级机关农业局农业信息与教育培训...	每日一助：柯城区云中蔬菜专业合作社有养心菜秧...	2015/4/22 8:36:46	短信已发送	[查看]
衢州每日一助	|衢州市	衢州市市级机关农业局农业信息与教育培训...	每日一助：常山县青石镇水南村鹅毛粉厂常年土...	2015/4/21 8:38:24	短信已发送	[查看]
衢州每日一助	|柯城区|衢江区|龙游县|江山...	衢州市市级机关农业局农业信息与教育培训...	每日一助：龙游县詹家镇芝溪山背梦力葡萄园有20...	2015/4/20 8:29:42	短信已发送	[查看]
衢州市联络分...	|柯城区|衢江区|龙游县|江山...	衢州市衢州市联络分站	浙江乐叶光伏科技有限公司招聘清洁阿姨一名，八...	2015/4/18 6:22:41	短信已发送	[查看]
衢州市联络分...	|柯城区|衢江区|龙游县|江山...	衢州市衢州市联络分站	常山县小羊家庭农场招聘夫妻养羊工，年薪5万，欢...	2015/4/17 8:36:07	短信已发送	[查看]
衢州每日一助	|柯城区|衢江区|龙游县|江山...	衢州市市级机关农业局农业信息与教育培训...	每日一助：柯城区双港村村大坟村田园食有优质...	2015/4/17 8:32:38	短信已发送	[查看]
衢州市联络分...	|柯城区|衢江区|龙游县|江山...	衢州市衢州市联络分站	衢江区莲花镇云丰路农贸市场对面有1100平方的厂...	2015/4/15 9:15:31	短信已发送	[查看]
衢州每日一助	|衢州市	衢州市市级机关农业局农业信息与教育培训...	每日一助：开化县兴盛家禽专业合作社长期有鲜鸟...	2015/4/15 8:33:55	短信已发送	[查看]
衢州每日一助	|衢州市	衢州市市级机关农业局农业信息与教育培训...	每日一助：龙游县国强家庭农场现有大量猕猴桃苗...	2015/4/14 8:32:41	短信已发送	[查看]
衢州每日一助	|衢州市	衢州市市级机关农业局农业信息与教育培训...	每日一助：衢江区横路办事处东方村叶国基苗木基...	2015/4/13 9:02:09	短信已发送	[查看]
衢州每日一助	|衢州市	衢州市市级机关农业局农业信息与教育培训...	每日一助：江山市神农猕猴桃专业合作社引进国外...	2015/4/10 15:38:37	短信已发送	[查看]
衢州每日一助	|衢州市	衢州市市级机关农业局农业信息与教育培训...	每日一助：龙游县祥生态农场现有新鲜竹笋等供应...	2015/4/9 8:40:36	短信已发送	[查看]

在管理员、负责人审核通过后，系统会根据负责人限定的发送范围、发送时间定时发送出审核通过的短信申请。发送成功的短信可在“已发送短信”选项卡中查询，管理员用户可在短信群发管理列表中查看。

2. 建议投诉

（1）发起建议投诉：用户点击“建议投诉”→“发起建议投诉”进入投诉/建议处理工作单编辑界面，如下图所示。

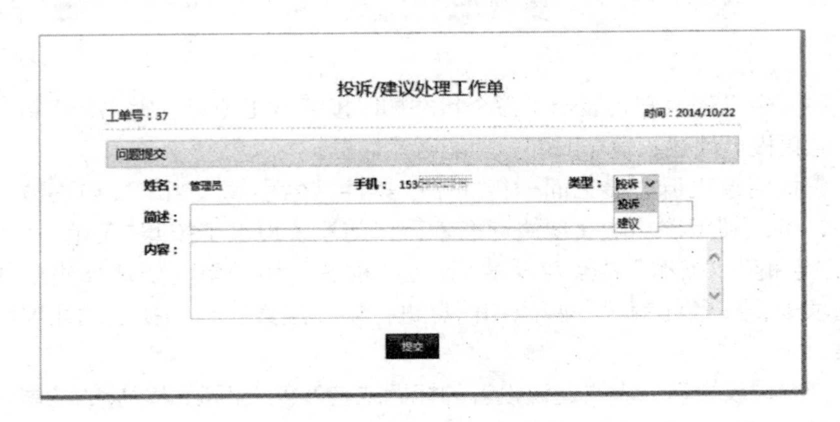

用户的在登录状态下，点击进入该页面后，姓名与手机号属性默认为登录账号，用户只需选择工作单“类型”（投诉或建议），在“简述”文本框中输入投诉或建议标题，在“内容”文本框中描述投诉或建议的具体情况。点击“提交”，出现“您已发起建议投诉”表示提交成功，待上级管理员层层处理、审核、最后反馈结果给投诉/建议人。

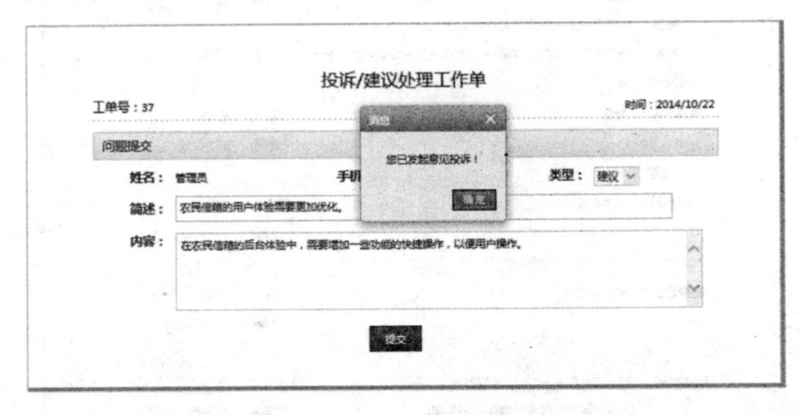

（2）我的建议投诉：用户点击“建议投诉”→“我的建议投诉”进入建议投诉列表界面，列表包含了“待受理意见”“受理退回意见”“待处理问题”“待审核的处理”“待反馈的意见”“已完成的意见”六大选项卡，用户可以分别点击切换查看各个状态的建议投诉实行情况，如下图所示。

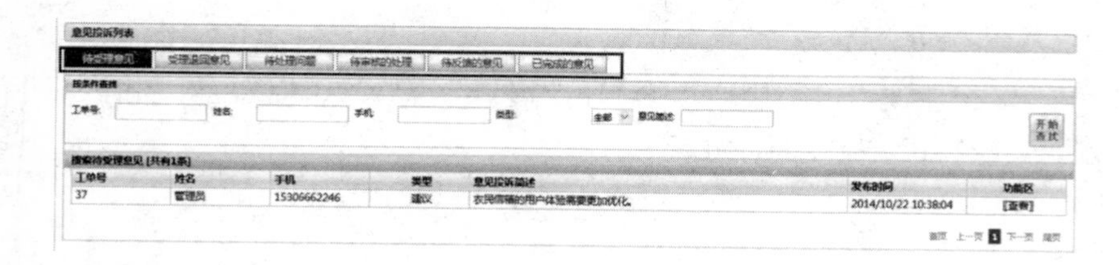

界面中以列表方式显示了各个状态加以投诉的工单号、姓名、手机、类型、意见投诉简述、发布时间、功能区等信息。

查找建议投诉：最上面一行显示了条件搜索引擎，当群发申请数量很多时，可以利用该功能实现快速搜索，目前系统提供了按照“工单号”“姓名”“手机”“类型”“意见简述”等查找模式。用户首先要选择对应状态的选项卡，按条件输入一些已知信息进行快速搜索查找到指定的建议投诉记录。

查看建议投诉：点击建议投诉的标题或者建议投诉记录对应的功能区下“查看”按钮进入详细页面查看，如下图所示。

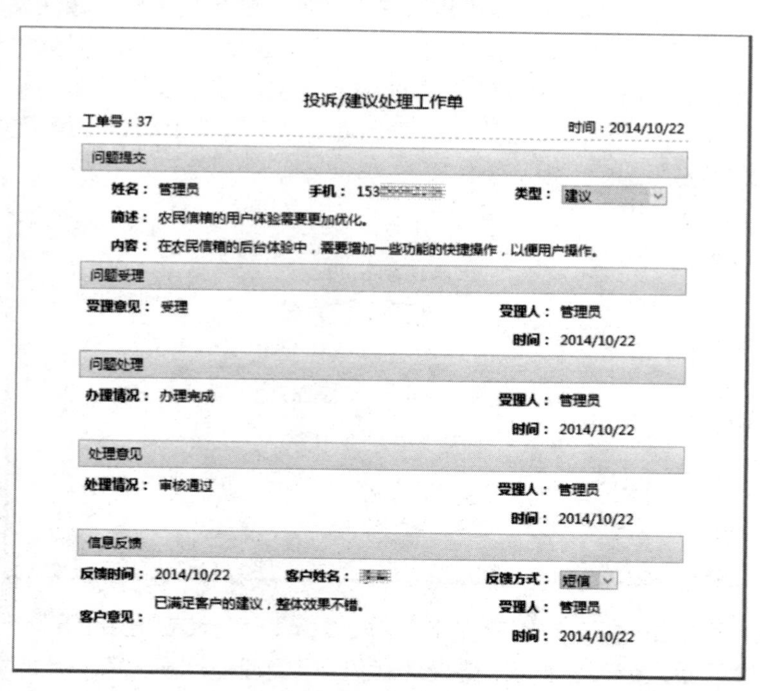
投诉/建议处理工作单

工单号：37　　时间：2014/10/22

问题提交

姓名：管理员　　手机：153　　类型：建议

简述：农民信箱的用户体验需要更加优化。

内容：在农民信箱的后台体验中，需要增加一些功能的快捷操作，以便用户操作。

问题受理

受理意见：受理　　受理人：管理员

时间：2014/10/22

问题处理

办理情况：办理完成　　受理人：管理员

时间：2014/10/22

处理意见

处理情况：审核通过　　受理人：管理员

时间：2014/10/22

信息反馈

反馈时间：2014/10/22　　客户姓名：　　反馈方式：短信

客户意见：已满足客户的建议，整体效果不错。　　受理人：管理员

时间：2014/10/22

（3）建议投诉受理：建议投诉处理主要包括建议投诉的受理、处理、处理结果的审核、结果反馈几个过程，分别由各级管理员操作。

管理员点击“建议投诉受理”→“受理问题”进入建议投诉受理界面，管理员可以对用户提交的建议投诉进行受理操作。要选择处理单的发送范围，填写必要的受理意见。以上两项为必填项，不填写点击“提交”会有验证提示，如下图所示。

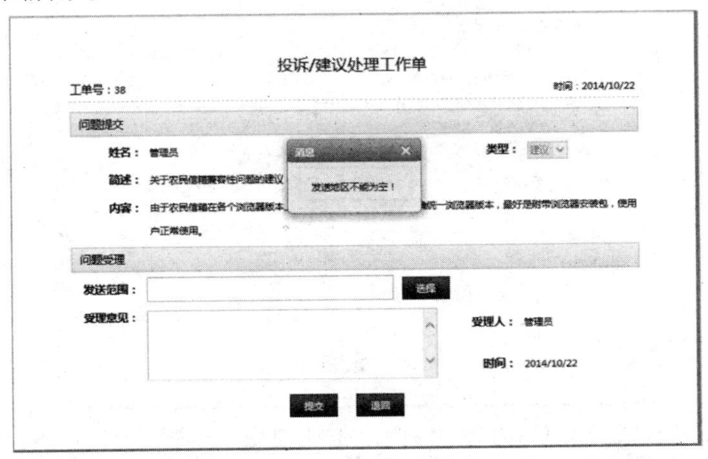

按要求选择发送范围、输入正确的受理意见后，点击“提交”，则提示“您已受理意见投诉”，如下图所示。

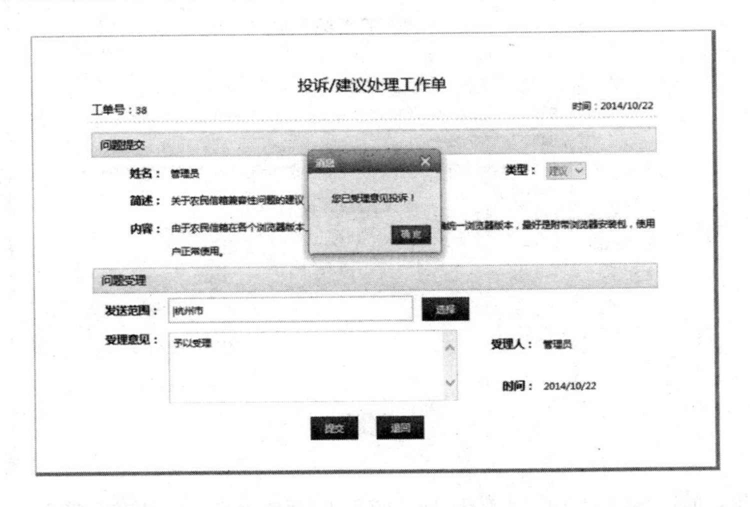

受理成功的意见投诉交由上一级管理员处理，用户在“我的建议投诉”的“待处理问题”选项卡中可查看。

（4）建议投诉处理：管理员点击“建议投诉处理”→“处理问题”进入建议投诉受理界面，管理员可以对下一级管理员受理的建议投诉进行处理操作，只需根据实际处理结果填写必要的办理情况。该项为必填项，不填写点击“提交”会有验证提示，如下图所示。

按实际处理结果填写办理情况后点击“提交”，则提示“您已办理问题”，如下图所示。

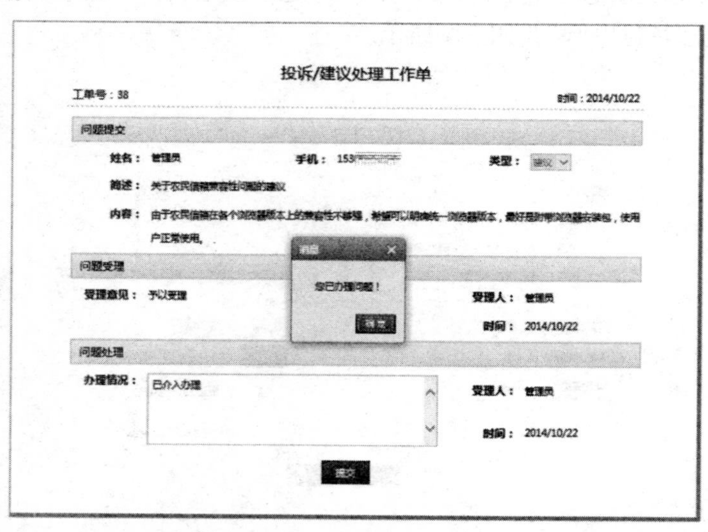

处理成功的意见投诉交再由上一级管理员对处理结果进行审核，用户在“我的建议投诉”的“待审核的处理”选项卡中可查看。

（5）建议投诉处理结果审核：管理员点击“建议投诉处理结果审核”—“处理结果审核”进入建议投诉处理结果审核界面。管理员可以对下一级管理员处理的建议投诉进行结果审核操作，只需根据实际处理结果填写处理意见。该项为必填项，不填写点击“提交”会有验证提示，如下图所示。

投诉/建议处理工作单

工单号：38　　时间：2014/10/22

问题提交

姓名：管理员　手机：153　类型：建议

简述：关于农民信箱兼容性问题的建议

内容：由于农民信箱在各个浏览器版本上的兼容性不够强，希望可以明确统一浏览器版本，最好是附带浏览器安装包，使用户正常使用。

问题受理

受理意见：予以受理　受理人：管理员

消息

处理情况不能为空！

时间：2014/10/22

问题处理

办理情况：已介入办理　受理人：管理员

时间：2014/10/22

处理意见

处理情况：　受理人：管理员

时间：2014/10/22

提交　退回

按实际处理结果填写处理情况后点击“提交”，则提示“您已提交处理问题的意见”，如下图所示。

投诉/建议处理工作单

工单号：38　　时间：2014/10/22

问题提交

姓名：管理员　手机：153　类型：建议

简述：关于农民信箱兼容性问题的建议

内容：由于农民信箱在各个浏览器版本上的兼容性不够强，希望可以明确统一浏览器版本，最好是附带浏览器安装包，使用户正常使用。

问题受理

受理意见：予以受理　受理人：管理员

消息

您已提交处理问题的意见！

确定

时间：2014/10/22

问题处理

办理情况：已介入办理　受理人：管理员

时间：2014/10/22

处理意见

处理情况：已成功处理　受理人：管理员

时间：2014/10/22

提交　退回

处理成功的意见投诉交再由上一级管理员对处理结果反馈于用户，用户在“我的建议投诉”的“待反馈意见”选项卡中可查看。

（6）建议投诉结果反馈：管理员点击“建议投诉处理结果反馈”→“反馈结果”进入建议投诉处理结果反馈界面。管理员可以对已处理完成的建议投诉进行结果反馈操作，先要选择处理单的反馈时间，填写反馈的客户姓名，选择反馈方式（电话、短信），填写必要的客户意见。以上四项均为必填项，不填写直接点击“提交”会有验证提示，如下图所示。

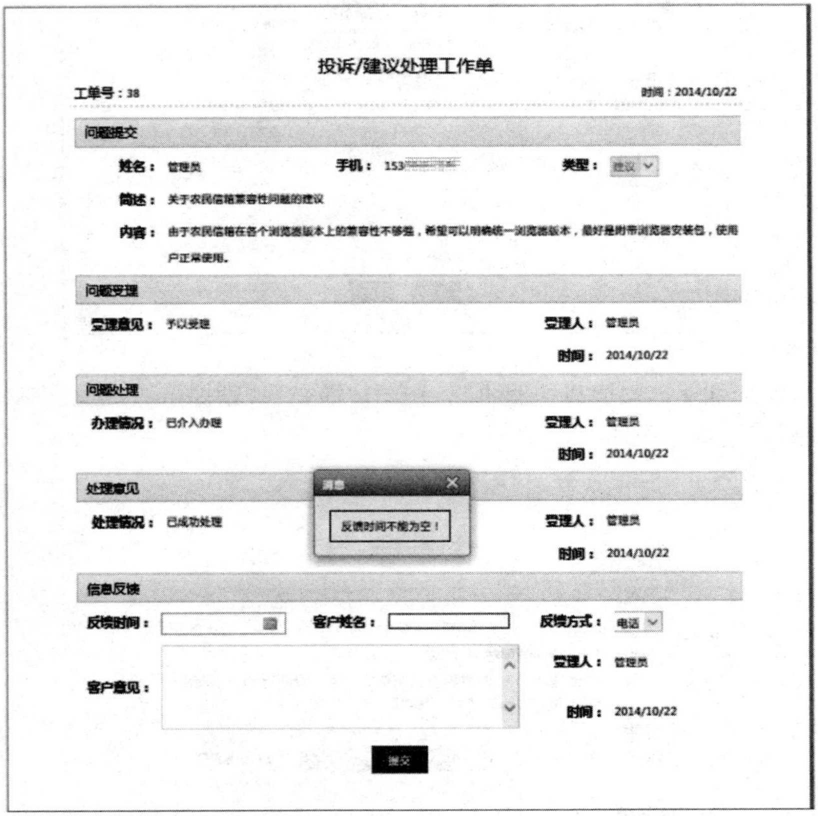

投诉/建议处理工作单

工单号：38　　时间：2014/10/22

问题提交

姓名：管理员　手机：153　类型：建议

简述：关于农民信箱兼容性问题的建议

内容：由于农民信箱在各个浏览器版本上的兼容性不够强，希望可以明确统一浏览器版本，最好是附带浏览器安装包，使用户正常使用。

问题受理

受理意见：予以受理　受理人：管理员

时间：2014/10/22

问题处理

办理情况：已介入办理　受理人：管理员

时间：2014/10/22

处理意见

处理情况：已成功处理　受理人：管理员

时间：2014/10/22

消息

反馈时间不能为空！

信息反馈

反馈时间：　客户姓名：　反馈方式：电话

客户意见：　受理人：管理员

时间：2014/10/22

提交

按实际情况选择反馈时间，填写反馈客户姓名，选择正确的反馈方式，并且填写必要的客户意见，点击“提交”，则提示“您已提交处理问题的意见”，如下图所示。

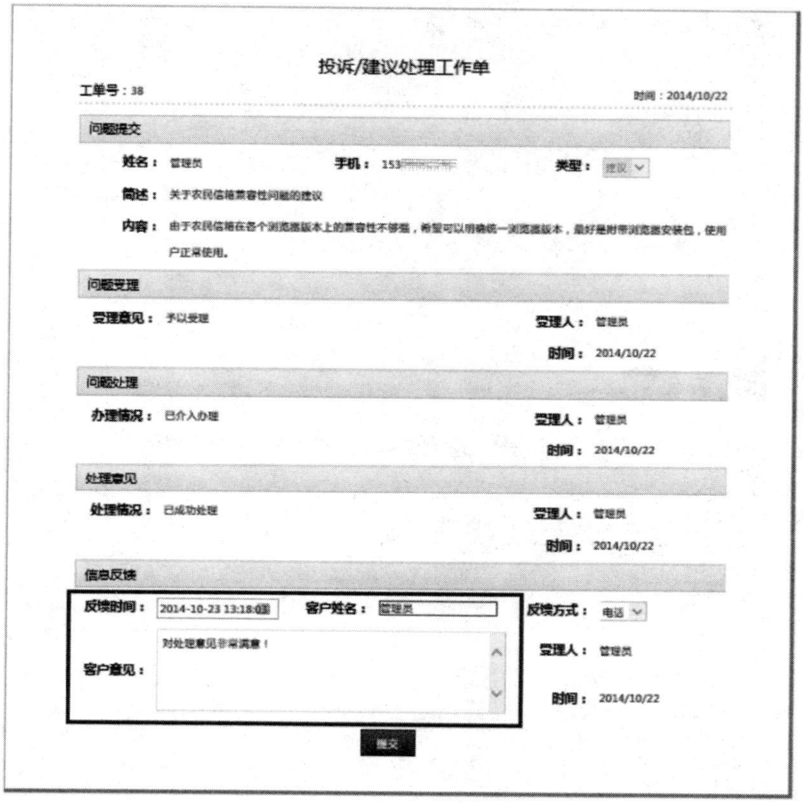

投诉/建议处理工作单

工单号：38　　时间：2014/10/22

问题提交

姓名：管理员　手机：153　类型：建议

简述：关于农民信箱兼容性问题的建议

内容：由于农民信箱在各个浏览器版本上的兼容性不够强，希望可以明确统一浏览器版本，最好是附带浏览器安装包，使用户正常使用。

问题受理

受理意见：予以受理　受理人：管理员　时间：2014/10/22

问题处理

办理情况：已介入办理　受理人：管理员　时间：2014/10/22

处理意见

处理情况：已成功处理　受理人：管理员　时间：2014/10/22

信息反馈

反馈时间：2014-10-23 13:18:0　客户姓名：管理员　反馈方式：电话

客户意见：对处理意见非常满意！　受理人：管理员　时间：2014/10/22

提交

处理结果反馈成功的意见投诉，用户在“我的建议投诉”的“已完成意见”选项卡中可查看；对于受理退回的建议投诉，用户在“我的建议投诉”的“受理退回意见”选项卡中可查看。

3.运营商管理

运营商管理菜单是提供给管理员对投诉号码（包括移动、联通、电信三大运营商）的屏蔽录入及管理。

（1）投诉号码录入：以移动投诉号码录入为例，点击“运营商管理”→“移动投诉号码录入”，只需在页面中录入手机号码和屏蔽原因即可，如下图所示。

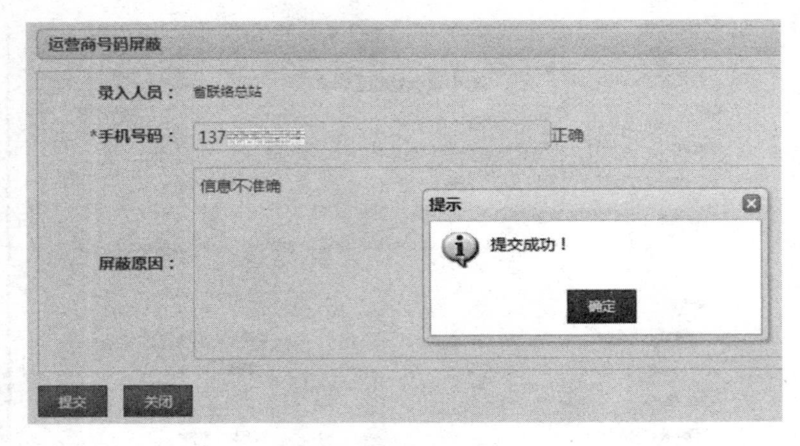

提交成功的号码在投诉号码管理中可以查询，如下图所示。

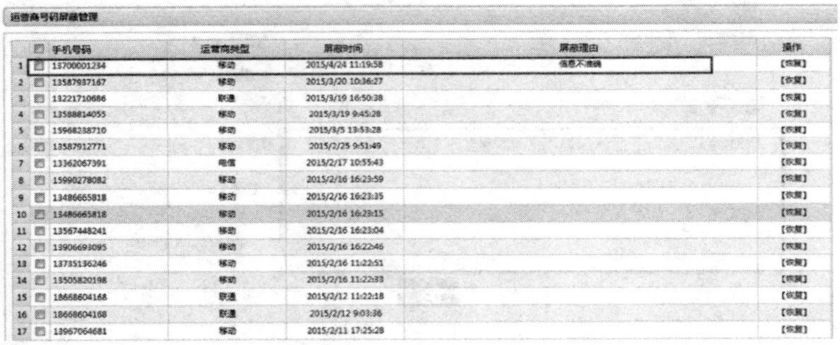

运营商号码屏蔽管理

	手机号码	运营商类型	屏蔽时间	屏蔽理由	操作
1	13700001234	移动	2015/4/24 11:19:58	信息不准确	【恢复】
2	13587937167	移动	2015/3/20 10:36:27		【恢复】
3	13221710686	联通	2015/3/19 16:50:38		【恢复】
4	13588814055	移动	2015/3/19 9:45:28		【恢复】
5	15968238710	移动	2015/3/5 13:53:28		【恢复】
6	13587912771	移动	2015/2/25 9:51:49		【恢复】
7	13362067391	电信	2015/2/17 10:55:43		【恢复】
8	15990278082	移动	2015/2/16 16:23:59		【恢复】
9	13486665818	移动	2015/2/16 16:23:35		【恢复】
10	13486665818	移动	2015/2/16 16:23:15		【恢复】
11	13567448241	移动	2015/2/16 16:23:04		【恢复】
12	13906693095	移动	2015/2/16 16:22:46		【恢复】
13	13735136246	移动	2015/2/16 11:22:51		【恢复】
14	13505820198	移动	2015/2/16 11:22:33		【恢复】
15	18668604168	联通	2015/2/12 11:22:18		【恢复】
16	18668604168	联通	2015/2/12 9:03:36		【恢复】
17	13967064681	移动	2015/2/11 17:25:28		【恢复】

（2）投诉号码管理：投诉号码管理列表中，针对已录入的移动、联通、电信号码进行恢复操作，恢复被屏蔽的投诉号码。只需点击需要恢复记录对应的“恢复”按钮或者勾选需要恢复的多条记录，点击列表下方的“批量恢复”按钮进行批量操作，如下图所示。

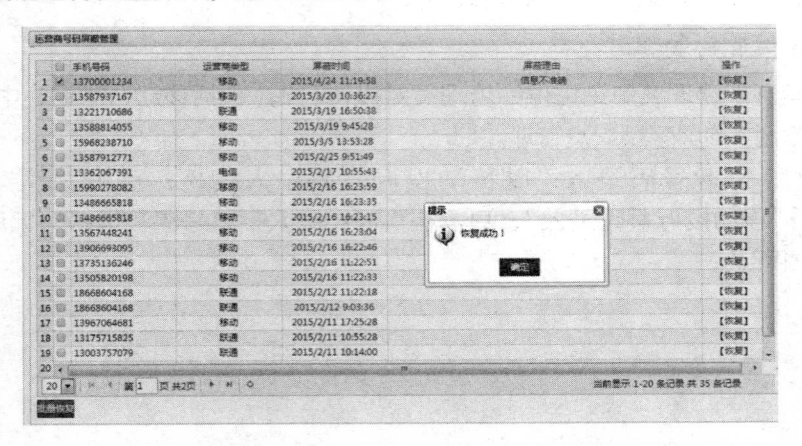

（九）统计分析

统计分析板块根据系统需求，制定了信息使用统计、信息发布统计、用户注册统计、用户类型统计、用户登录统计、地区统计、买卖信息统计、公共政务统计、用户规范率统计、主体统计、“每日一助”发送统计。

以信息使用统计为例：点击“统计分析”→“信息使用统计”，如下图所示。

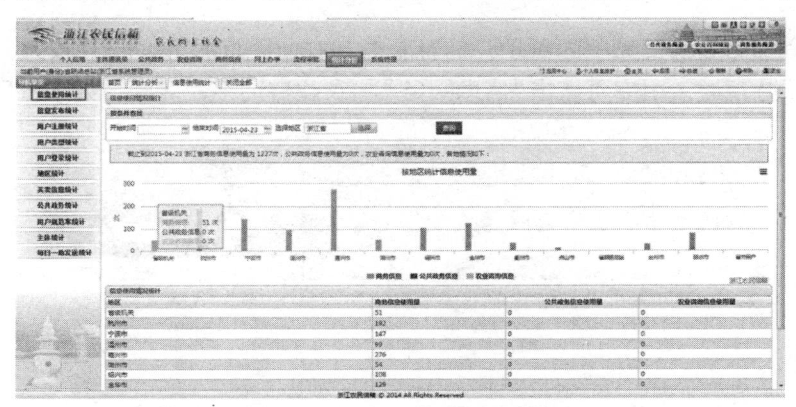

管理员可根据实际需求点击查看各类统计分析。

二、农业咨询平台专区

（一）农业咨询平台登录入口

登录农业咨询平台的方式有两种。

一是用户在登录首页点击“农业咨询”板块，如下图所示。

二是用户在登录“农民信箱”登录页面登录后，进入“农民信箱”平台首页，点击导航栏上的“农业咨询频道”即可跳转至农业咨询平台，且不需要再重新登录，如下图所示。

登录后的首页如下图所示，信息服务与农业咨询服务、公共政务、商务服务保持互通，用户可点击“信息服务”与农业咨询平台切换，如下图所示。

（二）农业咨询信息查看

1.农业问答信息查看

用户点击农业咨询平台导航栏处的“农业问答”进入咨询列表界面，用户可以查看所有已成功发布的问题，包括问题的浏览次数、状态变化、所属类别等信息，如下图所示。

查看、回答咨询详细操作可参考“农业咨询问答查找”（本书P50）。

2.农技知识库信息查看

用户点击农业咨询平台导航栏处的“农技知识库”进入农技知识库列表界面，农技知识库主要包括“浙江惠农百问”和“技术资料”两大类，该页面汇总了所有用户、专家、管理员发布的所有资料，用户可以根据需要查找相关资料，如下图所示。

查找、查看知识库内容详细步骤可参考“农技知识库”（本书P53）。

3. 农技专家信息查看

用户点击农业咨询平台导航栏处的“农技专家”进入农技知识库列表界面，该页面汇总了所有农业类别的专家。

最上面一行显示了条件搜索引擎，用户可以根据“专家姓名”“所属大类”查找专家信息。当专家库数量很多时，可以利用该功能实现快速搜索，目前系统提供了按照“专家姓名”“所属大类”等查找模式，用户可按条件输入一些已知信息进行快速搜索查找到指定的专家信息，如下图所示。

点击专家库下的标题进入专家的详细页面进行查看，浏览完毕后若想要向该专家提问，只需点击专家头像下方的“向专家提问”按钮，即可跳至提问页面，点击“关闭本页”按钮关闭当前页面，如下图所示。

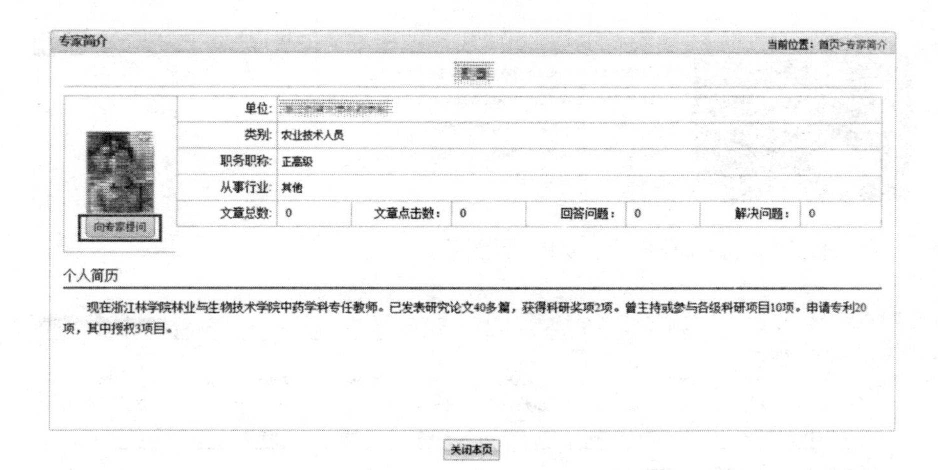

4. 产业团队信息查看

“农民信箱”首页下方还汇聚了产业团队的团队动态、产业资讯、技术资料三大信息，保证了农业信息的互通，用户可以在此点击查看，如下图所示。

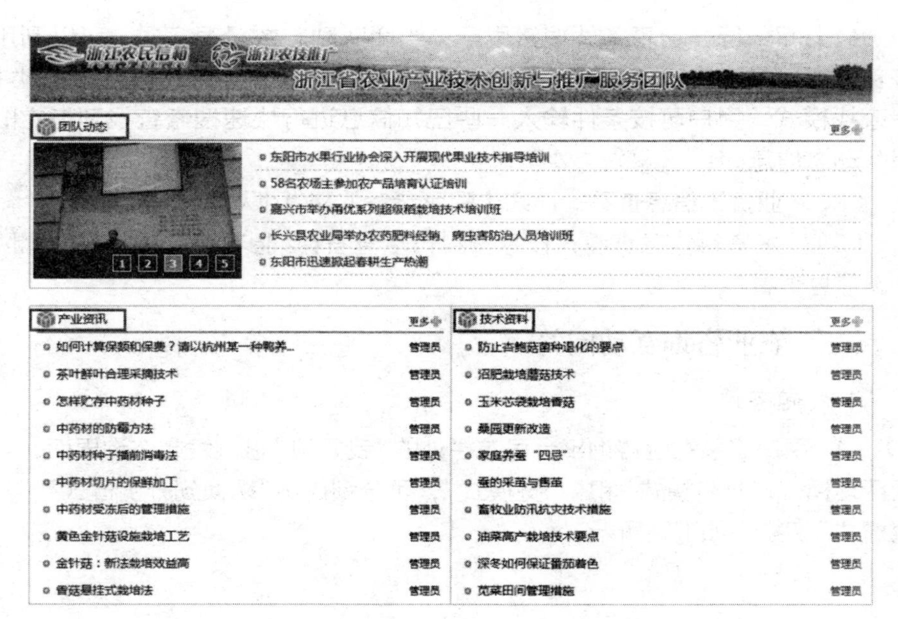

（1）团队动态信息查看：用户点击农业咨询平台首页下“团队动态”的标题，可以直接查看团队动态详细信息，若需要查看更多团队动态信息，可以点击团队动态对应的“更多+”按钮，进入团队动态列表，如下图所示。

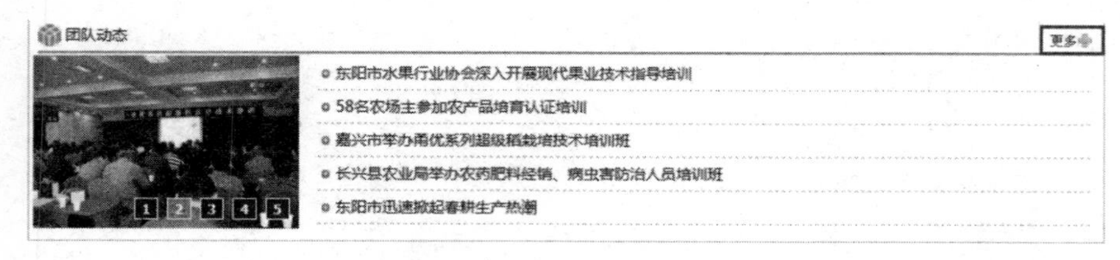

进入团队动态列表页面，如下图所示。

团队动态　　当前位置：首页>团队动态

按标题搜索	请输入标题　搜索
产业	全部　粮油产业　茶叶产业　蚕桑产业　食用菌产业　中药材产业　畜牧产业　dddsdsdfsd　测试　蔬菜产业　水果产业　测试　畜牧产业团队　花卉产业
分类	全部　品种　栽培　植保　病虫害　土肥　其他

标题	日期
东阳市水果行业协会深入开展现代果业技术指导培训	2014/8/11
58名农场主参加农产品培育认证培训	2014/8/11
嘉兴市举办甬优系列超级稻栽培技术培训班	2014/8/11
长兴县农业局举办农药肥料经销、病虫害防治人员培训班	2014/8/11
东阳市迅速掀起春耕生产热潮	2014/8/11

最上面一行显示了条件搜索引擎，当团队动态数量很多时，可以利用该功能实现快速搜索，目前系统提供了按照“标题关键字”“产业”“分类”等查找模式，用户可按条件输入一些已知信息进行快速搜索查找到指定的团队动态信息。

（2）产业资讯信息查看：详细步骤可参考前文“团队动态信息查看”。

（3）技术资料信息查看：技术资料信息查看详细步骤可参考前文“团队动态信息查看”。

（三）农业咨询互动问答

1.发起咨询

（1）用户登录农业咨询平台导航栏处的“我要问”进入发起咨询界面，包括两种模式：“分步模式”和“一览模式”，可分别点击“切换到分步模式”“一览模式”切换，如下图所示。

（2）用户点击农业咨询平台导航栏处的“农技专家”进入农技知识库列表界面，点击专家头像下方的“向我提问”按钮直接向专家提问，如下图所示。

或者也可以点击专家库下的标题进入专家详细页面进行查看，浏览完毕后若想要向该专家提问，只需点击专家头像下方的“向专家提问”按钮，即跳至提问页面，如下图所示。

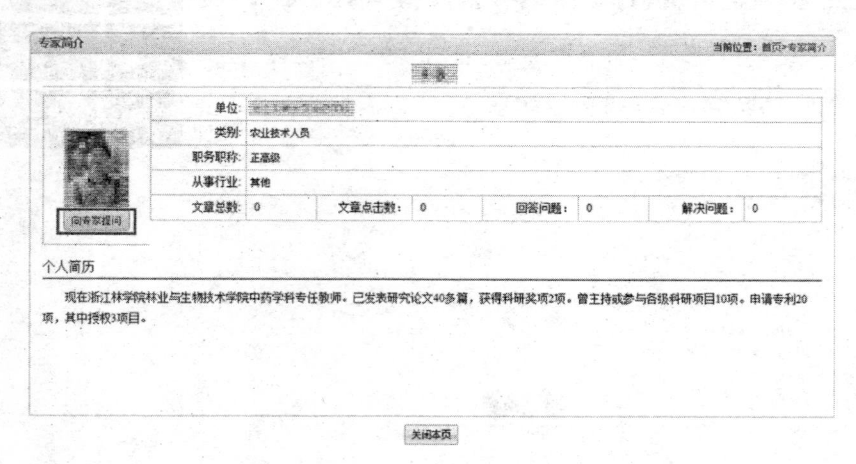

具体的发起咨询步骤可参考“农业咨询的发起咨询”（本书P48）内容。

发布成功的问题交由管理员审核，审核通过后则在农业咨询平台上或咨询问答专区显示，如下图所示。

提交成功的问题在“个人中心”的“我的提问”栏目下可查找到，通过该页面还可查看问题的状态（“审核中”“审核通过”“问题未解决”“问题已解决”等）、回答数量等信息。

2.回答咨询

该页面以“一问多答”的形式显示问题及答案，专家或用户可提交自己的答案，供提问人学习。专家或用户若对某问题感兴趣，可以阐述自己的见解来进行回答问题，如下图所示。

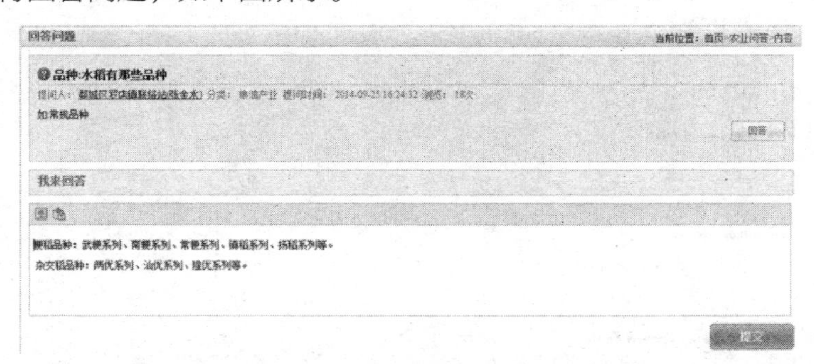

用户只需在“我来回答”下的文本框中输入所要输入的答案，点击“提交”即可，待出现“回答成功，请等待审核”提示框则表示回答成功，待管理审核通过后即可显示在页面，如下图所示。

谢曼丽 | 退出　　　　设为首页 | 加入收藏

浙江农民信箱

浙江农民信箱农业咨询服务

请输入搜索关键字　搜 索

首页　产业资讯　技术资料　问题总览　我想问　个人中心　　农民信箱　公共政务版　商务服务版

回答问题　　　　当前位置：首页>问题总览>内容

入夏以来气温一直都很高，并且雨水不断，现在果园出现不同的病虫现象，请问如何防治？

提问人：谢曼丽 分类：水果产业 提问时间：2014-05-05 14:06:05 浏览：141次

继续追问

点击上传图片

◉继续追问　○问题未解决　提交

农播用户1　普通农户(已回答：19已解决：4)　　　　回答时间：2014/5/5 14:07:55

你好！入夏后的高温高湿天气，尤其是梅雨季节过后骤降雨天气非常适宜病虫的发长。

对于病害的防治：首先通过栽培措施促壮树体，在提高树体抗病性的基础上进行喷药防护，预防病菌的侵入。一般果树病虫害的发生分为初发、盛发、末发三个阶段，病害应在初发阶段前进行防治；虫害应在发生量小、大量取食危害之前防治，这样就可以把病虫控制在初发阶段。对于在果树枝干、花、果实、叶表面危害时的害虫采取喷药防治，易触杀而致死，一旦害虫蛀入危害，防治比较困难或无效。

有效的防治和杀死病虫需要科学合理使用农药，即选用高效、低毒、低残留农药。果园用药前根据用药说明，正确地进行稀释。不能随意加大浓度，避免增强病虫的抗药性。轮换用药，有机无机农药交替使用，同时可采用两种以上不同药剂混合使用，不要连续单一使用同一种药剂。喷药需注意不宜在大风天气喷施。保护性杀菌剂宜在雨前喷施，内吸性杀菌剂应在雨后喷施。具体时间应该避开高温，温度较高时杀虫效果好，但要预防中毒。

追 问　☐采纳为满意答案　3

谢曼丽　普通农户(已回答：3已解决：1)　　　　追问时间：2014/5/6 9:54:32

在什么时间防治病虫比较合适？

回答追问　3

农播用户1　普通农户(已回答：19已解决：4)　　　　回答时间：2014/5/6 17:13:52

引用谢曼丽的追问

在什么时间防治病虫比较合适？

回答：

内吸性杀菌剂应在雨后喷施

追 问　☐采纳为满意答案　0

吴涌琳　林业技术人员(已回答：15已解决：2)　　　　回答时间：2014/5/12 12:41:48

引用谢曼丽的追问

在什么时间防治病虫比较合适？

回答：

在雨后天晴时，阳光猛烈时防治效果最佳。

追 问　☐采纳为满意答案　0

我已经回答过的类似问题

其他类似问题

- 请问浙江适合种植什么果树？果树苗那里买？　提问人:谢曼丽　2014/5/5

相关资料

- 花果管理　2014/5/5
- 果树冰雹灾后生产补救措施　2014/5/5
- 果树抗雪害冻灾技术　2014/5/5
- 果树防雪防冻技术措施　2014/5/5
- 江山市野生猕猴桃上市　2014/4/22

回答成功后，用户还可以“引用”他人答案将该用户的回答复制到文本编辑器，继续对问题追问或者回答。输入答案完毕后，点击“提交”按钮即可完成回答/追问操作。

3.“向我求助”

专家或管理员用户登录成功后进入“个人中心”，可直接点击“向我求助”或者点击导航栏上的“个人中心”，进入个人中心界面，如下图所示。

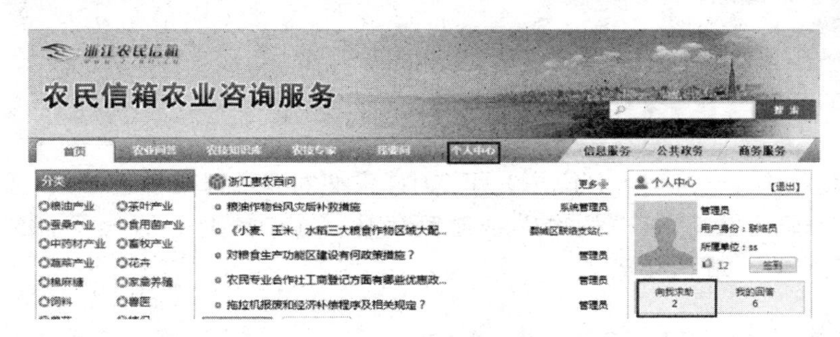

在右侧除了“我的提问”“我的回答”，会比普通用户多出一栏“向我求助”，下面显示的问题为普通用户指定“我来”回答的问题或者联络员分配“给我来回答”的问题。

点击“向我求助”下的问题标题，进入问题的详细信息，回答问题步骤可参考前文“回答咨询”。

4.评价咨询

提问人用户在得到合适的答案后，可以对其他用户、专家的答案做出评价，主要包含对答案“点赞”和“添加为满意答案”两种。提问人用户可以点击答案右下角的“大拇指”按钮进行点赞操作，系统会累计每一答案的获赞数，如下图所示。

用户对某一答案十分满意，可选中“采纳为满意答案”复选框，系统会提示“您确定要将该答案采纳为满意答案吗”，点击“确定”则表示采纳为满意答案成功，如下图所示。

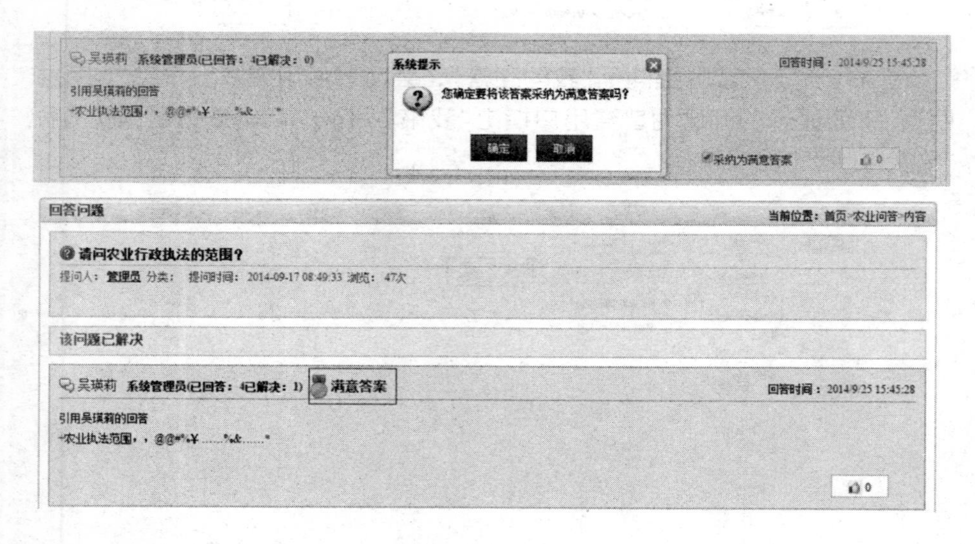

三、公共政务平台专区

公共政务平台汇总了所有“农民信箱”用户发布的公共政务信息，主要包括政策信息、最新农情、气象信息、系统公告、各地动态、多方关注、工作简报、“三农”典型。主要提供用户浏览公共政务信息的功能。公共政务平台对所有用户开放，无论用户是否在已登录状态均可查看该平台上的公共政务信息。

（一）公共政务平台登录入口

登录公共政务平台的方式有两种。

一是用户在登录首页点击“公共政务”板块，如下图所示。

二是用户在登录“农民信箱”登录页面后，进入公共政务平台首页，点击导航栏上的“公共政务频道”即可跳转至公共政务平台，如下图所示。

登录后的首页如下图所示，公共政务服务与农业咨询服务、公共政务、商务服务保持互通，用户可点击“信息服务”与公共政务平台切换，如下图所示。

（二）公共政务信息查看

公共政务平台主要提供给用户查看浙江省公共政务信息的功能，主要包括“政策信息查看”“最新农情查看”“气象信息查看”“系统公告查看”“各地动态查看”“多方关注查看”“工作简报查看”“‘三农’典型查看”。

因各种类型的公共政务信息查看操作基本一致，以下查看步骤使用“政策文件”为例，其他公共政务信息的查看可参考以下步骤，如下图所示。

用户点击公共政务平台导航栏处的“政策文件”或者首页的政策文件板块的“更多>>”按钮，进入政策文件浏览界面，用户可以查看所有已发布的政策文件信息，如下图所示。

查找政策文件：最上面一行显示了“按地区查找”搜索引擎，若用户想要查看浙江省某一地区的政策文件，只需选择相应地区（例如“杭州”的“西湖区”），如下图所示。

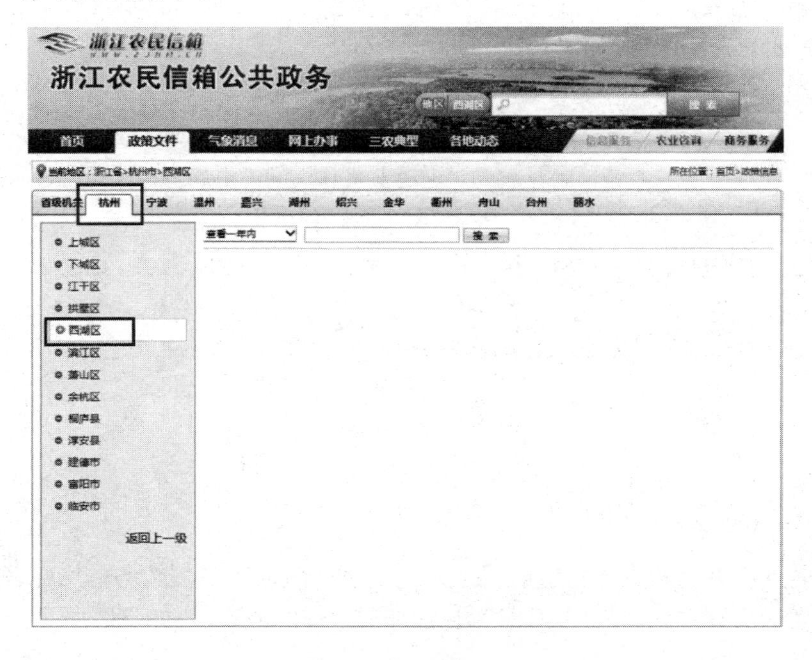

可以通过地区选择查看到目前杭州市西湖区还没有发布成功的政策文件可供浏览。

已发布的政策文件信息上方还有“按时间段查找”相应的政策文件，可分别查看“全部”“一年内”“一月内”“一周内”“三天内”的政策文件信息，如下图所示。

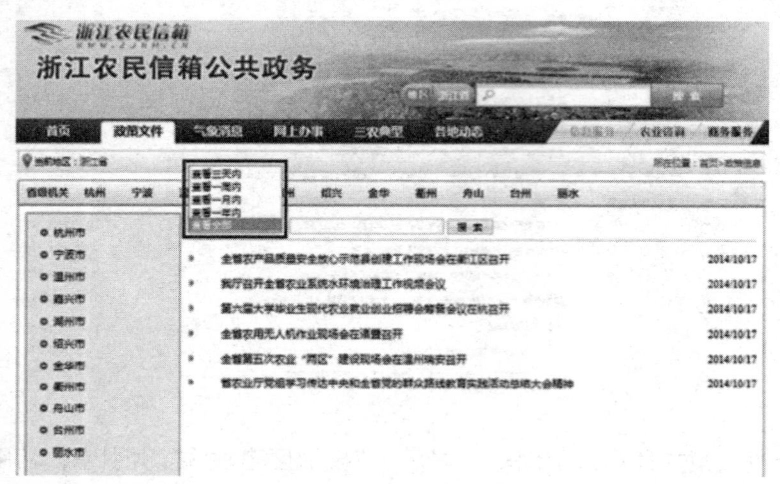

若用户想要查找指定的政策文件信息，只需在文本框中输入指定政策文件标题中的关键字，点击“搜索”按钮即可查找到相应的政策文件信息，如下图所示。

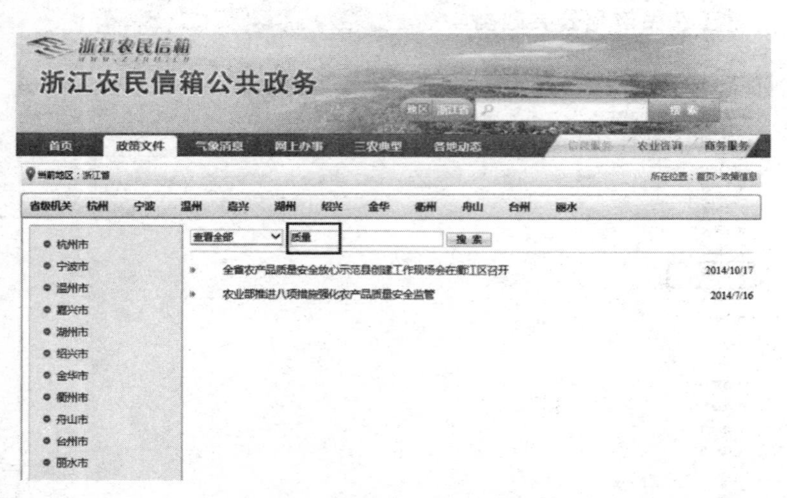

另外，公共政务平台导航栏上方也提供了按地区、按政务信息标题关键字搜索的快捷方式，用户可以通过此处的搜索功能查找，如下图所示。

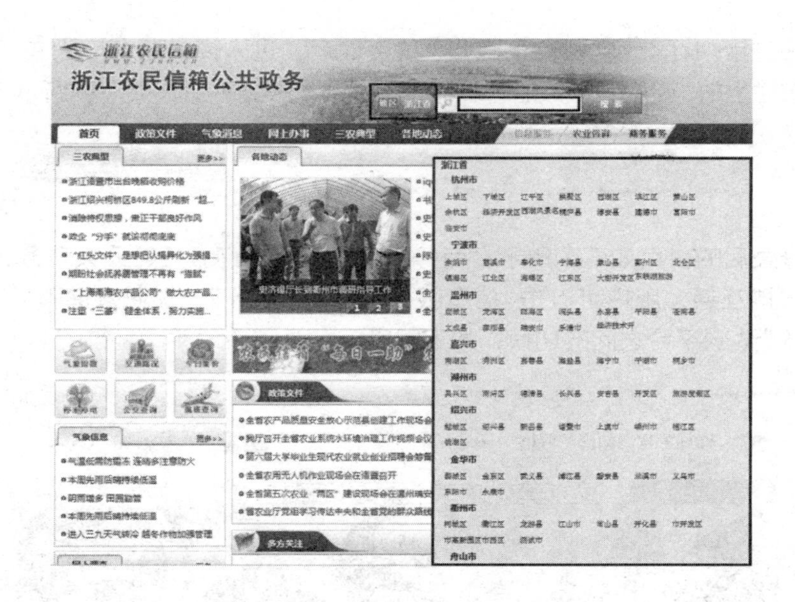

四、商务服务平台专区

商务服务平台聚集了浙江省农业相关的主导产业、浙江省各地精品、当季精品和认证精品，融合了浙江特色的农产品以及附属产品。本平台提供给农户把自家的农产品放上网的电商平台，使农户能够扩大农产品的销路，促进交易的达成，提高农民的收入。

（一）商务服务平台登录入口

登录商务服务平台的方式有两种。

一是用户在登录首页点击“商务服务”板块，如下图所示。

二是用户在登录“农民信箱”登录页面后，进入商务服务平台首页，点击导航栏上的“商务服务频道”即可跳转至商务服务平台，如下图所示。

登录后的首页如下图所示，商务服务与农业咨询服务、公共政务、信息服务保持互通，用户可点击“信息服务”“商务服务”“农业咨询服务”“公共政务”达到平台之间的切换，如下图所示。

（二）商务服务平台介绍

用户登录到商务服务平台首页后，可以查看到主要包括浙江省的“主导产业”“当季精品”“当地精品”“认证精品”“特色浙江”几大块，如下图所示。

1. 查看主导产业

用户通过点击导航栏处的“主导产业”菜单，进入浙江省的“主导产业”介绍页面。浙江省主导产业主要包括粮油产业、蔬菜产业、水果产业、茶叶产业、食用菌产业、畜牧产业、水产产业、蚕桑产业、花卉产业、中药材产业等，如下图所示。

（1）查看主导产业介绍：各个产业的介绍页面架构一致，以下操作以粮油产业为例。点击粮油产业的对应的“产业介绍”，进入该产业的介绍页面。产业介绍主要分为“媒体声音”和产业在浙江省的分布介绍，“媒体声音”通过视频的方式呈现，用户只需点击视频的“播放”键即可了解媒体对该产业的介绍或评价，如下图所示。

产业分布介绍主要通过浙江省地图的形式呈现，使用小圆表示各个产业，在浙江省地图上分布于各个地区，表示该地区是该产业的主要生产地区，如下图所示。

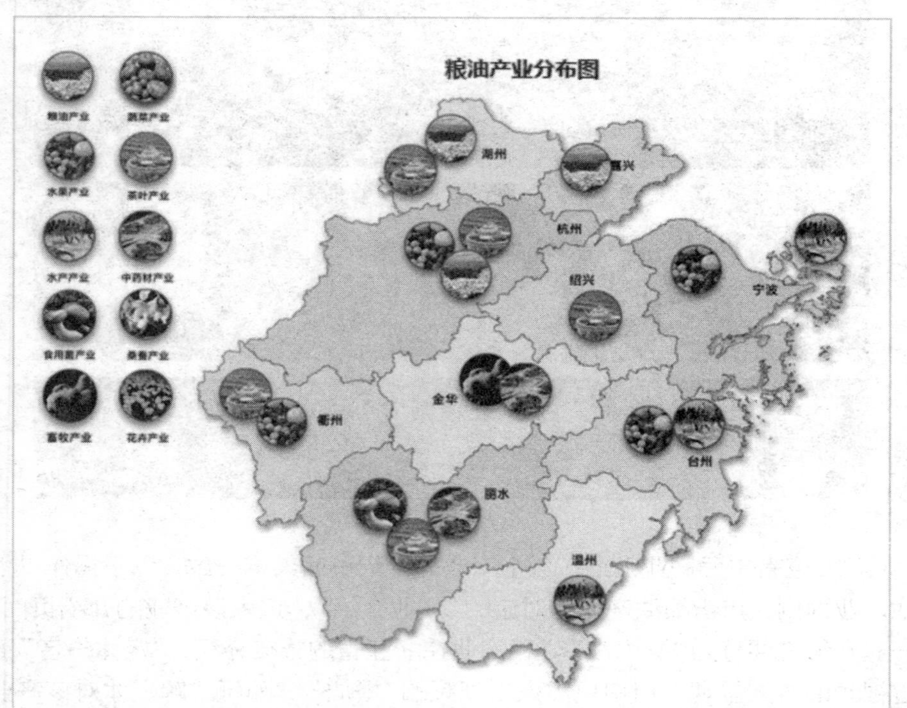

（2）查看主导产业商品列表：各个产业的商品列表页面架构也是一致，以下操作以粮油产业为例。点击粮油产业的对应的“商品列表”，进入该产业的商品列表页面。商品列表页面左侧同样是“媒体声音”“产品分布”“销售推荐”，商品主要通过图文形式，按产业的类别不同依次显示，如下图所示。

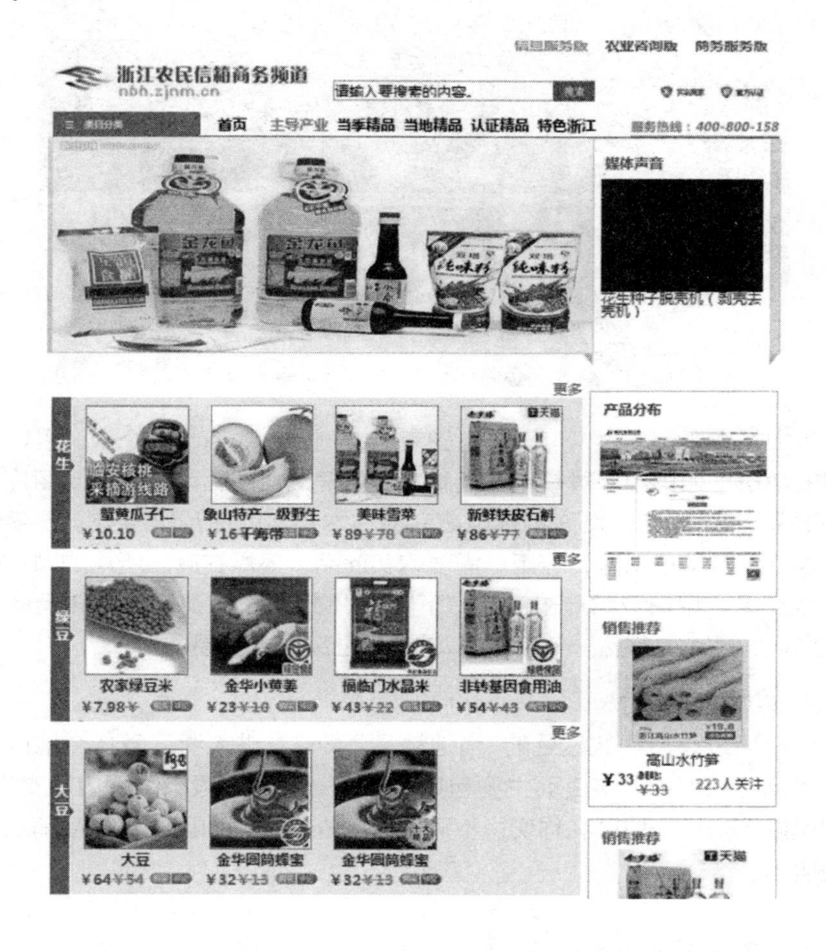

如果用户在查看商品时，对某些商品有兴趣想要购买时，可点击商品图片右下方的“购买”按钮，页面将跳转至该商品的网上商城（例如，淘宝、一号店、京东等）。该平台只是提供商品的链接功能，若用户需要购买商品，还需在商品所属的网上商城上达成交易。

2. 查看当季精品

用户通过点击导航栏处的“当季精品”菜单，进入浙江省的当季的精品介绍页面。该页面主要涵盖了一年12个月各个月份盛产的精品农产品，如下图所示。

用户在查看商品时，可以查看到商品右侧有在线商品的个数、累计完成交易的数量。如果用户对某些商品感兴趣想要购买时，可点击商品图片右侧的“查看详情”按钮，页面将跳至该商品在本平台的图片链接处，该平台只是提供商品的链接功能，若用户需要购买商品，还需在商品所属的网上商城上达成交易。用户只需点击商品右下方的“购买”按钮，页面跳转至商品的网上商城（例如，淘宝、一号店、京东等）继续完成交易。

3. 查看当地精品

用户通过点击导航栏处的“当地精品”菜单，进入浙江省各个地区的农产品精品介绍页面。该页面主要包括了浙江省各个地级市范围内的农产品，用户可以点击各个地区名称切换不同地区，查看不同地区的农产品精品，如下图所示。

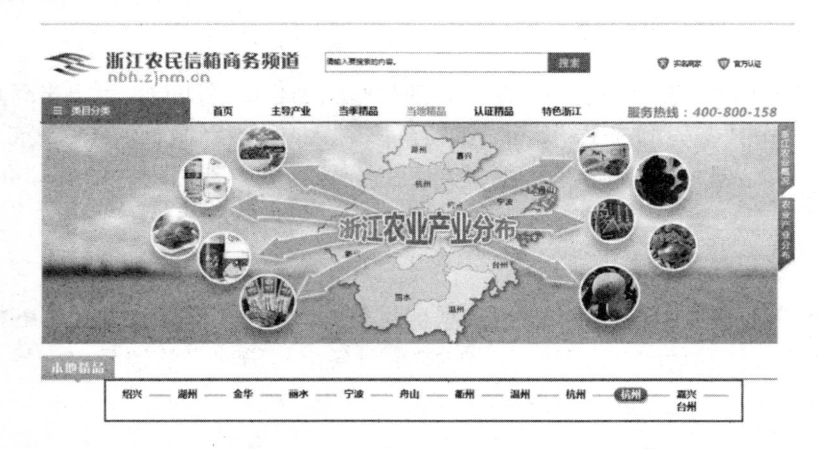

同样，在查看当地农产品精品的同时，如果用户对某些商品感兴趣想要购买时，可点击商品图片右侧的“查看详情”按钮，页面将跳转至该商品在该平台的图片链接处。该平台只是提供商品的链接功能，若用户需要购买商品，还需在商品所属的网上商城上达成交易。用户只需点击商品右下方的“购买”按钮，页面跳转至商品的网上商城（例如，淘宝、一号店、京东等）继续完成交易。

4. 查看认证精品

用户通过点击导航栏处的“认证精品”菜单，进入认证农产品精品介绍页面。认证精品主要包括“有机食品认证”“绿色食品认证”“十大精品认证”三大类，是农户在提交农产品订单时需要认证的，如下图所示。

有以上3种认证的农产品在上传的图片右下方有认证标志，经过认证的农产品能够使消费者更加放心购买使用，如下图所示。

当然，在查看认证精品的同时，如果用户对某些商品有兴趣想要购买时，可点击商品图片右下方的“购买”按钮，页面跳转至商品的网上商城（例如，淘宝、一号店、京东等）继续完成交易。该平台只是提供商品的链接功能。

5. 查看“特色浙江”

用户通过点击导航栏处的“特色浙江”菜单，进入浙江省各个地区特色馆，每个地区馆都有特色的农产品精品呈现，如下图所示。

用户可以点击各个地区名切换不同地区，查看不同地区场馆的农产品精品。以下操作以杭州馆为例。点击地区名“杭州”，则进入杭州馆的特色农产品展示中心，如下图所示。

如果用户在查看场馆内的商品，对某些商品有兴趣想要购买时，用户只需点击商品右下方的“购买”按钮，页面跳转至商品的网上商城（例如，淘宝、一号店、京东等）继续完成交易。该平台只是提供商品的链接功能。

6. 查看媒体评论

“媒体评论”专区位于商务服务平台首页的中下方位置，用户可以点击各个农产品对应的图片，进入媒体对该农产品的评论页面查看，如下图所示。

7. 查看买卖信息

“买卖信息”专区位于商务服务平台首页的下方位置，用户可以点击买卖信息下的标题查看最新的买卖信息，如下图所示。

若需要查看更多的买卖信息，只需要点击“买卖信息”右上角的“更多”链接，即会跳转至浙江省各个地区的买卖信息，如下图所示。

买卖信息

全省　杭州市　宁波市　温州市　嘉兴市　湖州市　绍兴市　金华市　衢州市　台州市　舟山市　丽水市　外省地区

包含：　商品类别：全部　买卖方向：买进　搜索

买进	日期	卖出	日期
买进 ：出售宁海白枇杷	2012-05-15	卖出	2012-05-16
买进 平湖市金穗园农业科技有限公司招收服务员	2012-05-15	卖出 常年出售种鸭蛋	2012-05-16
买进 收购桂花籽	2012-05-15	卖出 5万株60-70㎝红叶石楠	2012-05-16
买进 求购鱼蛋白有机液肥	2012-05-15	卖出 出售香榧苗，花梨木，大桂花，香樟	2012-05-16
买进 求购合欢树！！	2012-05-15	卖出 出售香榧苗，花梨木，大桂花，香樟	2012-05-16
买进 求购日本樱花！！	2012-05-15	卖出 出售香榧苗，花梨木，大桂花，香樟	2012-05-16
买进 买购枇杷	2012-05-15	卖出 出售香榧苗，花梨木，大桂花，香樟	2012-05-16
买进 买购枇杷	2012-05-15	卖出 出售桂花	2012-05-16
买进 买购莲藕种	2012-05-15	卖出 出售西府海棠	2012-05-16
买进 收购土鸡蛋	2012-05-15	卖出 出售杜鹃	2012-05-16
买进	2012-05-14	卖出 出售西府海棠	2012-05-16

用户可以点击各个地名查看各个地区的买卖信息，如需要查找某一类别的买卖信息，只需在列表上方的搜索引擎处选择商品类别，根据个人意向选择买卖方向，点击“搜索”，系统会自动筛选出相应的买卖信息记录。也可以在文本框内输入关键字进行模糊查询，搜索到指定的买卖信息记录。

8. 查看“每日一助”

“每日一助”专区位于商务服务平台首页的下方位置，用户可以点击买卖信息下的标题查看最新的“每日一助”信息，如下图所示。

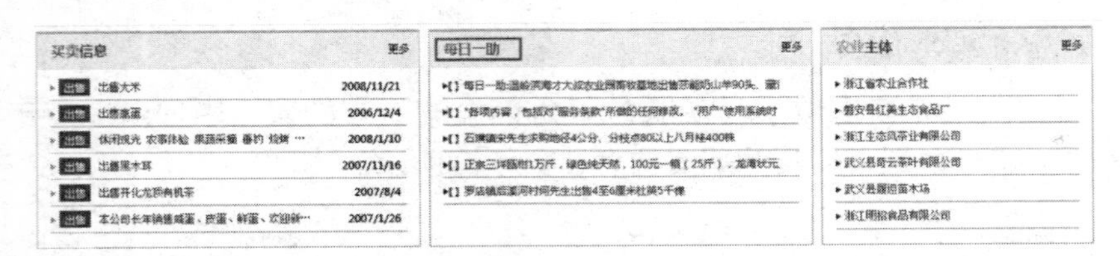

若需要查看更多的“每日一助”信息，只需要点击“每日一助”右上角的“更多”链接，即会跳转至浙江省各个地区的每日一助，如下图所示。

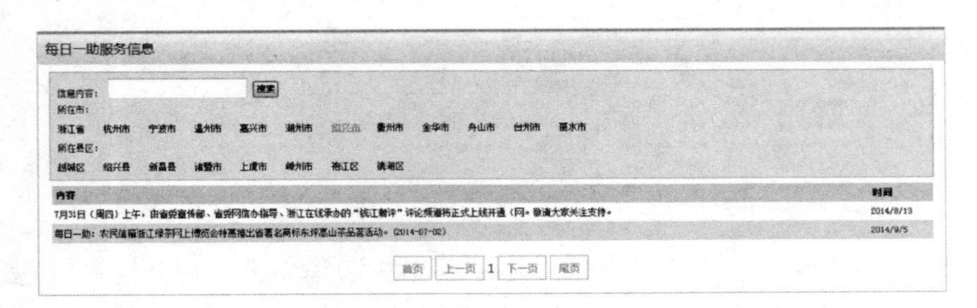

用户可以点击各个地名查看各个地区以及地区下的区县级的“每日一助”信息，也可以在信息内容的文本框内输入关键字，点击“搜索”，进行模糊查询，系统会自动筛选出相关的“每日一助”记录。

9. 查看农业主体

“农业主体”专区位于商务服务平台首页的下方位置，用户可以点击“农业主体”下的标题查看最新的农业主体信息，如下图所示。

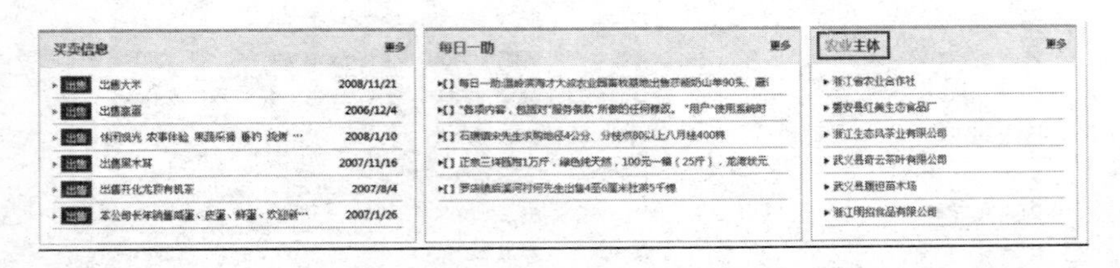

若需要查看更多的“农业主体”信息，只需要点击“农业主体”右上角的“更多”链接，即会跳转至整个浙江省各个地区的“农业主体”页面，如下图所示。

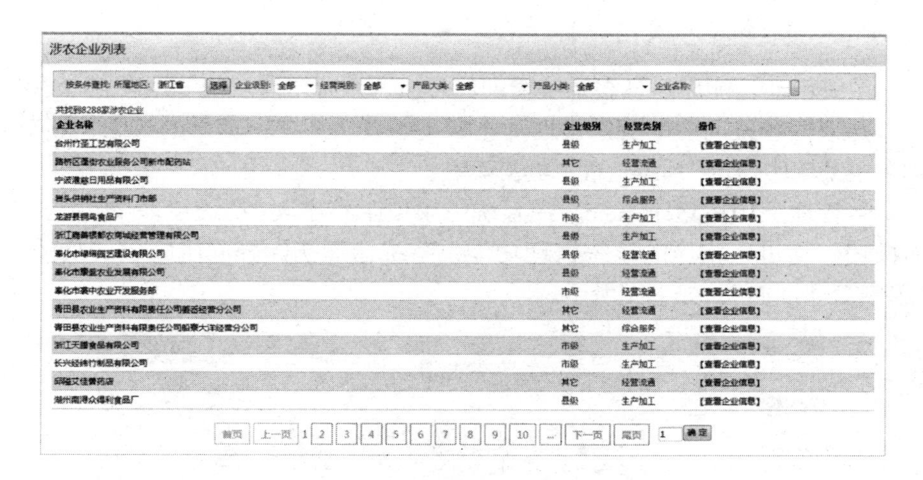

用户可以通过列表上方的搜索引擎，选择所属地区，企业的类别、经营的类别、产业大类、产业小类进行类别查询。如需要精确查询到某一涉农企业，可以在企业名称文本框中输入相应的关键字信息，点击“搜索”，进行模糊查询，系统会根据关键字自动筛选出相关的涉农企业记录。

10. 查看市场行情

市场行情主要包括最新价格、市场分析、农产品价格行情三大块。其专区位于商务服务平台首页的最下方位置，用户可以分别点击各个模块中的标题进行查看，如下图所示。

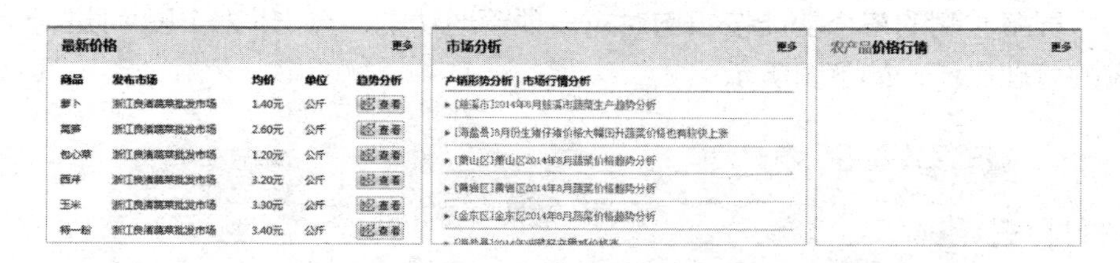

若需要查看更多相关信息，只需点击各个模块对应的“更多”按钮即可查看更多的市场行情信息。

五、系统管理维护专区

（一）系统管理入口

系统管理功能只对各级系统管理员开放，系统管理功能集成在整个系统中，并根据登录用户的身份，自动判断是否具有系统管理员的权限，若有，则在主菜单中显示“系统管理”功能菜单。

当管理员用户登录系统，在系统主菜单中将出现“系统管理”功能。点击按钮，将进入相应的系统管理功能，系统管理初始界面中缺省的功能是“用户管理维护”，如下图所示。

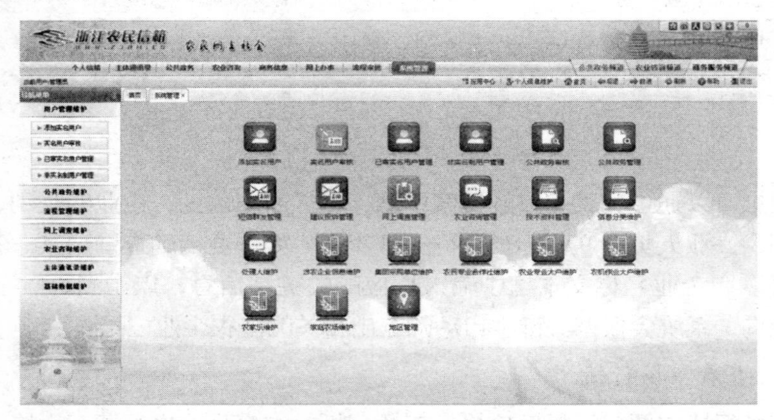

系统目前提供了“用户管理维护”“公共政务维护”“流程管理维护”“网上调查维护”“农业咨询维护”“主体通讯录维护”“基础数据维护”等七大管理功能。

屏幕左侧的每个功能按钮均对应一项管理功能，点击该按钮即可进行相应的管理操作，如下图所示。

浙江农民信箱

用户管理维护 ▸添加实名用户 ▸实名用户审核 ▸已审实名用户管理 ▸非实名制用户管理 公共政务维护 流程管理维护 网上调查维护 ▸网上调查管理 农业咨询维护 主体通讯录维护 基础数据维护

网上调查管理

调查事项	调查单位	开始时间	结束时间	状态	删除	查看结果
关于土地流转的问卷调查	杭州市土管局	2014年09月1...	2014年10月1...	进行中	【删除】	【查看结果】
关于林业资源的调查	衢州市林业局	2014年09月1...	2014年10月1...	进行中	【删除】	【查看结果】
关于垃圾分类的调查	浙江省垃圾...	2014年09月1...	2014年10月1...	进行中	【删除】	【查看结果】
关于水资源的调查	浙江省自来...	2014年09月1...	2014年11月3...	进行中	【删除】	【查看结果】
关于水资源的调查		2014年07月1...	2014年08月1...	已结束	【删除】	【查看结果】
关于垃圾分类的调查		2014年07月0...	2014年08月1...	已结束	【删除】	【查看结果】
行政村收入情况调查表	省政府	2006年12月0...	2007年01月3...	已结束	【删除】	【查看结果】
农户收入情况调查表	省政府	2006年12月0...	2007年01月3...	已结束	【删除】	【查看结果】

首页 上一页 1 下一页 尾页

（二）用户管理维护

用户管理维护主要分四项内容：“添加实名用户”“实名用户审核”“已审核实名用户管理”“非实名制用户管理”。

1.添加实名用户

管理员点击“用户管理维护”→“添加实名用户”，进入添加实名用户界面，管理员可以为一些无法自助注册的用户添加账号，如下图所示。

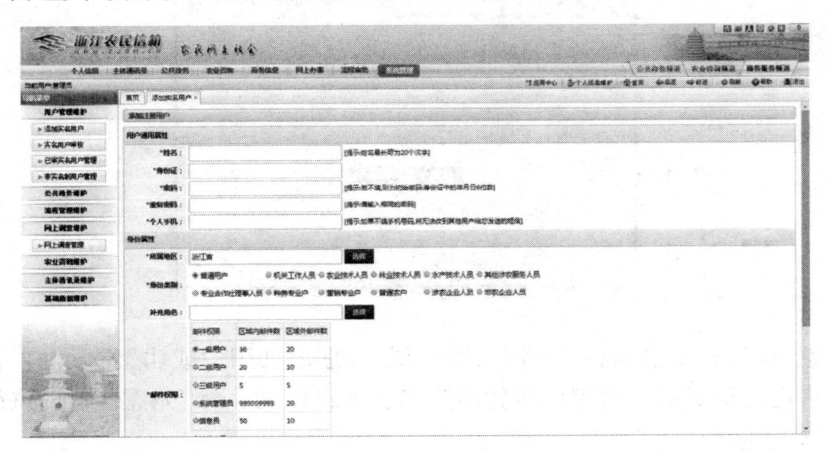

管理员必须了解需注册用户的用户姓名、身份证号、将要设置的密码、手机号码、所属地区、身份类别（若身份类别选择是“普通农户”，还需选择主营产品属性）以及邮件权限的配置。以上属性为注册必填项，未填写完整无法注册成功。

若是首次添加实名用户，按要求填写带红色“*”的必填信息后，点击“确定”即可注册成功，如下图所示。

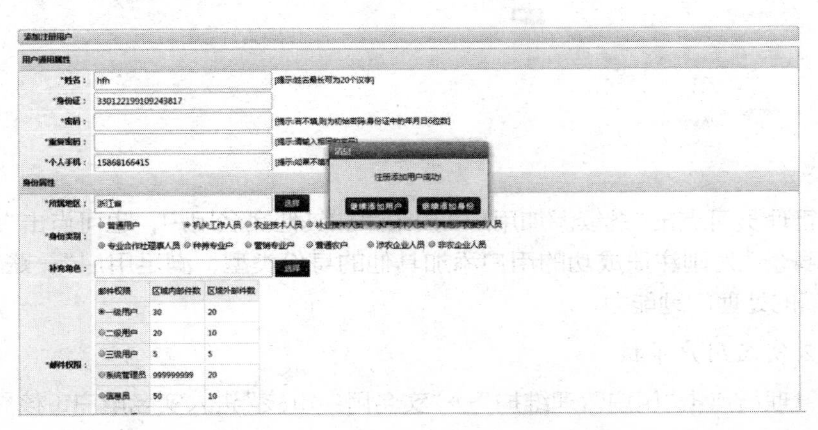

因部分用户已经是该系统的用户，填写完必填信息（红色*）后，点击“确定”，出现当前身份证已注册的用户列表框，其中包括该用户身份的不同用户类别账号，如下图所示。

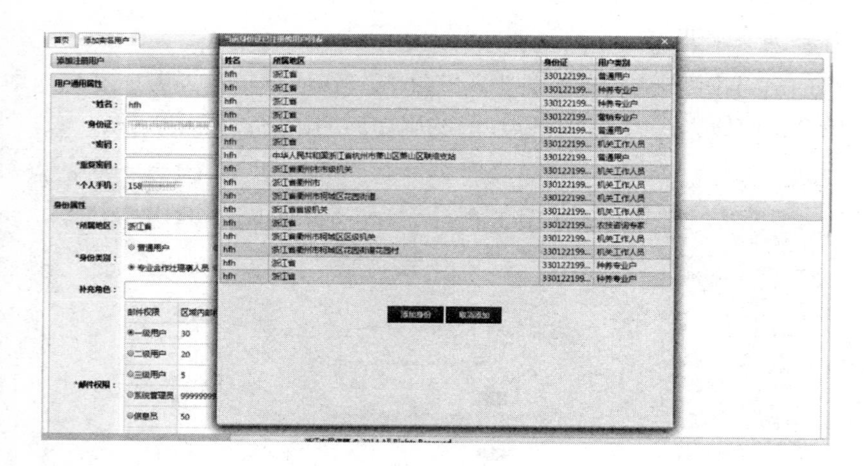

继续点击“添加身份”按钮，则出现“注册添加用户成功”提示框，表示该用户已注册成功，该用户可凭用户名、密码登录平台（无需管理员进行审核），如下图所示。

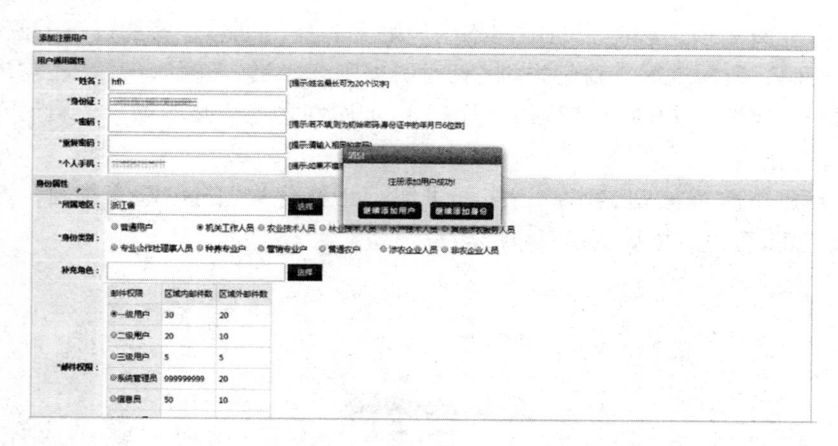

管理员可点击“继续添加用户”按钮添加其他实名用户，也可点击“继续添加身份”为刚注册成功的用户添加其他的身份类型，满足用户“一账号多身份”的处理问题能力。

2. 实名用户审核

管理员点击“用户管理维护”→“实名用户审核”进入实名用户审核界面，

管理员可以对用户通过自助注册成为实名用户进行信息审核，如下图所示。

浙江农民信箱　农民网上社会

个人信箱　主体通讯录　公共政务　农业咨询　商务信息　网上办事　流程审批　系统管理

公共政务频道　农业咨询频道　商务服务频道

应用中心　个人信息维护　首页　后退　前进　刷新　帮助　退出

当前用户:管理员

首页　添加身份　实名用户审核

用户管理维护
- 添加实名用户
- 实名用户审核
- 已审实名用户管理
- 非实名制用户管理

公共政务维护
流程管理维护
网上调查维护
- 网上调查管理

农业咨询维护
主体通讯录维护
基础数据维护

浙江省：省联络总站、省级机关、杭州市、宁波市、温州市、嘉兴市、湖州市、绍兴市、金华市、衢州市、舟山市、xx行政地区、台州市、丽水市、省外用户

待审核用户管理

按条件查找

所属平台：全部　身份类型：全部　邮件权限：全部　用户姓名：　用户名：　开始查找

用户手机：

浙江省待审核用户 [共有48人]

	用户名	姓名	所属地区	用户类别	用户角色	邮件权限	功能区
	330624198310273...		新昌县	机关工作人员	|||个人邮件角色|建议...	二级用户	[审核通过]　[删除]
	330624198310273...		新昌县	农业技术人员	|网上办事发布角色|...	三级用户	[审核通过]　[删除]
	330382198203082...		绍兴市联络分站	农业技术人员	|个人邮件角色|最新...	三级用户	[审核通过]　[删除]
	330681198609060...		农业信息中心	普通用户	|||个人邮件角色|建议...	二级用户	[审核通过]　[删除]
	330624198310273...		新昌县	普通用户	|||个人邮件角色|建议...	二级用户	[审核通过]　[删除]
	330681198609060...		后勤服务中心	普通用户	|||个人邮件角色|建议...	二级用户	[审核通过]　[删除]
	332623800908571	系统管理员	浙江省	普通用户	|||个人邮件角色|建议...	一级用户	[审核通过]　[删除]
	330621198109078...		绍兴市	普通用户	|网上调查发布角色|...	二级用户	[审核通过]　[删除]
	330681198609060...		农业信息中心	普通用户	|||个人邮件角色|建议...	二级用户	[审核通过]　[删除]
			北京市	其他涉农服务人员	|个人邮件角色|建议...	二级用户	[审核通过]　[删除]
	330323197910256...		组织委员	机关工作人员	|个人邮件角色|建议...	二级用户	[审核通过]　[删除]
	330323197506086...		组织委员	机关工作人员	|个人邮件角色|建议...	二级用户	[审核通过]　[删除]
	330323197506086...		组织委员	机关工作人员	|个人邮件角色|建议...	二级用户	[审核通过]　[删除]
	330323197506086...		组织委员	机关工作人员	|个人邮件角色|建议...	二级用户	[审核通过]　[删除]
	330323197506086...		组织委员	机关工作人员	|个人邮件角色|建议...	二级用户	[审核通过]　[删除]

通过审核　不通过审核　　首页　上一页　1　2　3　4　下一页　尾页

界面中以列表方式显示了注册用户的用户名、姓名、所属地区、用户类别、用户角色、邮件权限、功能区等信息。管理员可以对用户注册时提交的信息进行查找、审核与删除操作。

查找用户信息：管理员可点击地区树，选择用户所属地区，最上面一行显示了条件搜索引擎。若待审核的实名制用户数量很多，可以利用该功能实现快速搜索。目前，系统提供了按照“所属平台”“身份类型”“邮件权限”“用户状态”“用户姓名”“用户名”“用户手机”等查找模式。管理员可按条件输入一些已知信息进行搜索查找到指定的待审核实名制用户。

审核注册信息：当管理员发现注册信息有错误或与实际情况不符等问题，可进行审核不通过或删除操作。对于符合系统要求、注册信息正确无误者方可审核通过，只需点击用户对应功能区下的“审核通过”“删除”按钮进行操作。

批量审核操作：将该用户前的方框打上“√”，点击列表下方的“审核通过”“审核不通过”按钮即可进行批量审核。

3. 已审实名用户管理

管理员点击“用户管理维护”→“已审实名用户管理”进入实名用户管理界面，管理员可以对已通过审核的实名用户进行“身份信息管理”（主身份设置、身份信息修改、删除功能、身份添加）“账号删除”“账号启用/停用”等操作，如下图所示。

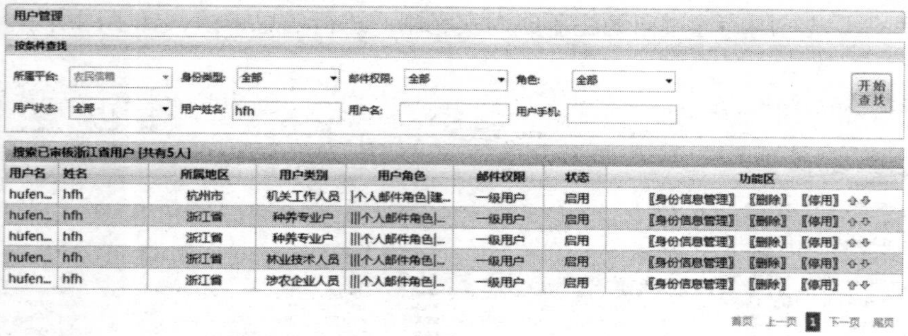

用户管理

按条件查找

所属平台：农民信箱　身份类型：全部　邮件权限：全部　角色：全部　开始查找

用户状态：全部　用户姓名：hfh　用户名：　用户手机：

搜索已审核浙江省用户 [共有5人]

用户名	姓名	所属地区	用户类别	用户角色	邮件权限	状态	功能区
hufen...	hfh	杭州市	机关工作人员	|个人邮件角色|建...	一级用户	启用	【身份信息管理】【删除】【停用】
hufen...	hfh	浙江省	种养专业户	|||个人邮件角色|...	一级用户	启用	【身份信息管理】【删除】【停用】
hufen...	hfh	浙江省	种养专业户	|||个人邮件角色|...	一级用户	启用	【身份信息管理】【删除】【停用】
hufen...	hfh	浙江省	林业技术人员	|||个人邮件角色|...	一级用户	启用	【身份信息管理】【删除】【停用】
hufen...	hfh	浙江省	涉农企业人员	|||个人邮件角色|...	一级用户	启用	【身份信息管理】【删除】【停用】

首页　上一页　1　下一页　尾页

界面中以列表方式显示了注册用户的用户名、姓名、所属地区、用户类别、用户角色、邮件权限、状态、功能区等信息。

查找用户信息：管理员可点击地区树，选择用户所属地区，最上面一行显示了条件搜索引擎，当实名制用户很多时，可以利用该功能实现快速搜索，目前系统提供了按照“所属平台”“身份类型”“邮件权限”“用户状态”“用户姓名”“用户名”“用户手机”等查找模式。管理员可按条件输入一些已知信息进行查找到指定的实名制用户。

用户主身份设置：只需点击功能区下的“身份信息管理”，进入用户的身份管理列表，选择某一用户类别对应的“设为主身份”按钮，该用户名后就会出现一个“(主)”标记，表示用户登录系统后的默认身份为该身份，如下图所示。

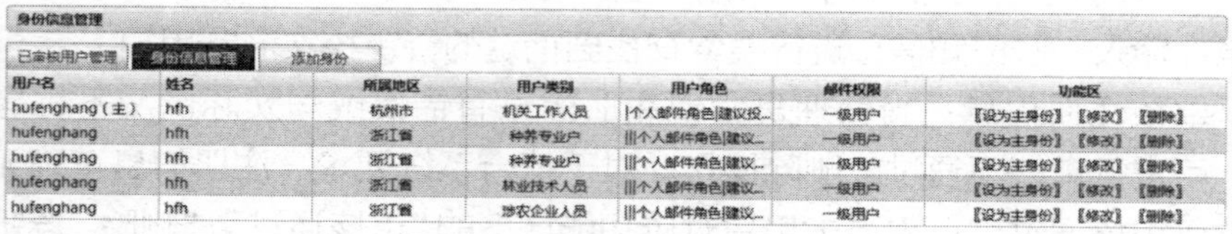

身份信息管理

已审核用户管理　身份信息管理　添加身份

用户名	姓名	所属地区	用户类别	用户角色	邮件权限	功能区
hufenghang (主)	hfh	杭州市	机关工作人员	|个人邮件角色|建议投...	一级用户	【设为主身份】【修改】【删除】
hufenghang	hfh	浙江省	种养专业户	|||个人邮件角色|建议...	一级用户	【设为主身份】【修改】【删除】
hufenghang	hfh	浙江省	种养专业户	|||个人邮件角色|建议...	一级用户	【设为主身份】【修改】【删除】
hufenghang	hfh	浙江省	林业技术人员	|||个人邮件角色|建议...	一级用户	【设为主身份】【修改】【删除】
hufenghang	hfh	浙江省	涉农企业人员	|||个人邮件角色|建议...	一级用户	【设为主身份】【修改】【删除】

用户信息修改：当管理员发现注册信息有错误或与实际情况不符等问题，可点击功能区下的“修改”按钮，进入用户的信息修改页面，可修改属性包括账号、身份证号、身份类别、补充角色、邮件权限、密码、姓名、所属地区、授权地区等。更正后点击“确定”按钮保存即可修改成功。

用户账号删除：由于不符合系统要求、或不再使用的账号等其他原因的账号清理，只需点击用户对应功能区下的“删除”按钮即可完成账号删除。

用户身份添加：此页面也包含用户身份添加的快捷操作方式。

用户账号停用：管理员可根据实际情况对于一些不常用或特殊账号进行停用操作。

用户账号启用：管理员可对新增用户或已被停用的用户账号进行启用操作。

4.非实名制用户管理

管理员点击“用户管理维护”→“非实名制用户管理”进入非实名制用户管理界面，管理员可以对非实名制用户进行简单的“密码修改”“账号删除”等操作，如下图所示。

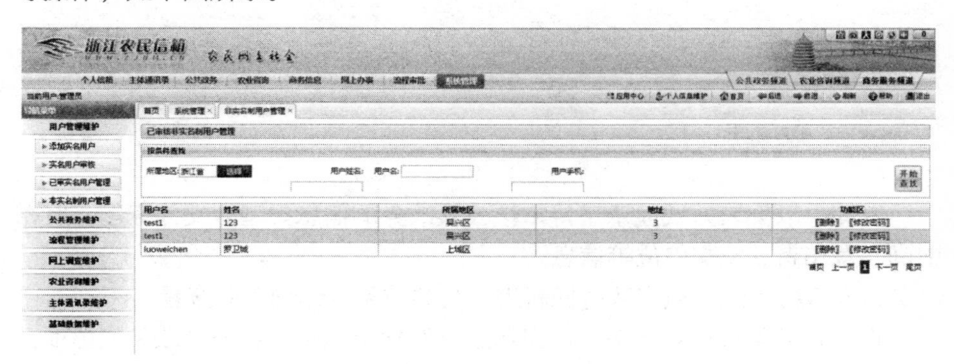

界面中以列表方式显示了注册用户的用户名、姓名、所属地区、地址、功能区等信息。

查找用户信息：最上面一行显示了条件搜索引擎，当非实名制用户很多时，可以利用该功能实现快速搜索，目前系统提供了按照“所属地区”“用户姓名”“用户名”“用户手机”等查找模式。管理员可按条件输入“所属地区”“用户姓名”“用户名”“用户手机”等信息进行搜索查找到指定的非实名制用户。

用户密码修改：管理员可根据用户需求修改用户密码，只需输入用户的新密码并且重复新密码，点击“确定”按钮保存新密码成功。

用户账号删除：由于不符合系统要求、或不再使用的账号等其他原因的账号清理，只需点击用户对应功能区下的“删除”按钮即可完成账号删除。

（三）公共政务维护

公共政务维护主要分两项内容：公共政务审核与公共政务管理。

1.公共政务审核

管理员点击“公共政务维护”→“公共政务审核”进入公共政务审核界面，管理员可以对用户提交的公共政务（包括系统公告、政策信息、最新农情、气象信息、各地动态、多方关注、工作简报、“三农”典型八大类）进行审核，如下图所示。

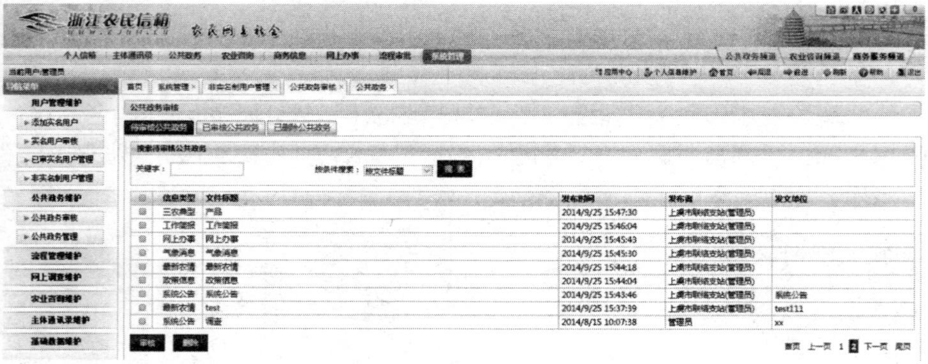

界面中以列表方式显示了待审核公共政务的信息类型、文件标题、发布时间、发布者、发文单位等信息。

查看政务信息：点击政务标题进入公共政务的详细页面查看。

查找政务信息：最上面一行显示了条件搜索引擎，当公共政务数量很多时，可以利用该功能实现快速搜索，目前系统提供了按照“文件标题”“发布者”“关键字”等查找模式。管理员可按条件选择“按文件标题”查找或“按发布者”查找，输入文件标题或发布者的关键字可进行模糊搜索查询到指定的公共政务。

审核政务信息：当管理员发现提交的公共政务有错误或与实际情况不符等问题，可进行删除操作。对于符合系统要求、注册信息正确无误者方可审核通过，只需点击用户对应功能区下的“审核”按钮进行操作。

批量审核操作：将该公共政务前的方框打上“√”，点击列表下方的“审核”按钮即可进行公共政务批量审核操作。

批量删除操作：将该公共政务前的方框打上“√”，点击列表下方的“删除”按钮即可进行公共政务批量删除操作。

2.公共政务管理

管理员点击“公共政务维护”→“公共政务管理”进入公共政务管理界面，管理员可以对用户提交的公共政务（包括系统公告、政策信息、最新农情、气象信息、各地动态、多方关注、工作简报、“三农”典型八大类）进行管理，如下图所示。

信息类型	文件标题	发布时间	发布者	发文单位
政策信息	关于浙江省上虞区	2014/9/25 15:43:51	丰惠镇联络站	丰惠镇人民政府
各地动态	我厅和省测绘与地理信息局签订战略合作框架协议	2014/8/3 8:16:46	系统管理员	省农业信息中心
各地动态	全省农业水环境治理暨现代生态循环农业发展现场会在南湖召开	2014/8/3 8:13:14	系统管理员	厅科教处
三农典型	“上海南海农产品公司”做大农产品外销文章	2014/7/22 17:19:32	管理员	省供销社
三农典型	注重“三基”健全体系，努力实现渔业安全生产社会化管理新机制	2014/7/22 17:17:28	管理员	[illegible]
三农典型	常山胡柚的“甜蜜之路”	2014/7/22 10:59:25	管理员	农技110网站
三农典型	三农典型	2014/7/22 10:56:38	管理员	JHIT
气象消息	气温低需防霜冻 连晴多注意防火	2014/7/18 9:34:42	管理员	农技110网站
气象消息	[illegible]	2014/7/18 9:34:23	管理员	农技110网站
气象消息	阴雨增多 田园勤管	2014/7/18 9:34:06	管理员	农技110网站
气象消息	[illegible]	2014/7/18 9:33:39	管理员	农技110网站
气象消息	进入三九天气转冷 越冬作物加强管理	2014/7/18 9:33:14	管理员	农技110网站
气象消息	“大暑”临近防暑保健	2014/7/18 9:32:41	管理员	农技110网站
多方关注	关于召开水稻“一季+再生”头季稻测产现场会的通知	2014/7/18 9:31:25	管理员	常山县农业局
多方关注	关于印发开展“绿剑”春季集中执法行动实施方案的通知	2014/7/18 9:30:22	管理员	常山县农业局

界面中以列表方式显示了已审核公共政务的信息类型、文件标题、发布时间、发布者、发文单位等信息。

查看政务信息：点击政务标题进入公共政务的详细页面查看。

查找政务信息：最上面一行显示了条件搜索引擎，当公共政务数量很多时，可以利用该功能实现快速搜索，目前系统提供了按照“文件标题”“发布者”“关键字”等查找模式。管理员可按条件选择“按文件标题”查找或“按发布者”查找，输入文件标题或发布者的关键字可进行模糊搜索查询到指定的公共政务。

批量删除操作：将该公共政务前的方框打上“√”，点击列表下方的“删除”按钮即可进行公共政务批量删除操作。删除成功的公共政务在“已删除公共政务”列表中有日志记录，方便查找。

（四）商务服务维护

商务服务维护主要包括以下内容：买卖信息管理、"每日一助"服务档案、成效报送录入、成效报送管理。

1.买卖信息管理

（1）买卖信息审核：管理员点击“商务服务维护”→“买卖信息管理”进入买卖信息审核管理界面，界面包含了“待审核”“已审核”“已删除”三大选项卡，在“待审核”选项卡中，管理员可以对用户提交的买卖信息申请进行审批，对于有实际需要的短信给予审批通过，否则可以退回申请，如下图所示。

点击状态列下的“设置成已审核”，点击“确定”后即可完成审核操作，如下图所示。

（2）买卖信息删除：对于不符合要求的买卖信息可进行删除处理，点击对应的“删除”按钮，再点击“确定”即可，如下图所示。

2. “每日一助”服务档案

““每日一助’服务档案”是为方便管理员对“信息进行报送、归档”而设置的。该界面包括“待报送的‘每日一助’”和“已归档的‘每日一助’”两大选项卡，管理员可对“每日一助”信息进行统一管理，如下图所示。

每日一助服务档案

待报送每日一助　已归档每日一助

搜索待报送每日一助

信息内容：　起始时间：　结束时间：　搜索

	发布日期	发布内容	服务对象	所属地区	联系次数	成交意向金额	操作
	2015/4/22	舟山市普陀木达兴专业合作社有中东蜜海枣、加拿利海枣、华盛顿棕榈...	普陀区联络支站(...	普陀区	0次	0万元	【报送】
	2015/4/17	定海区卫丰农产品专业合作社出售优质菜籽油，8元/斤，欢迎选购，详...	定海区联络支站(...	小沙街道	0次	0万元	【报送】
	2015/4/2	定海林平君养鸡场出售优质放山鸡，每只4斤左右，量大可享优惠，提...	定海信息员	区人大办|区政协办|区纪委...	0次	0万元	【报送】
	2015/3/27	各种树苗出售，红叶石楠苗，红叶石楠球，还有各种树苗、冬青、龟甲...	张芮吉	定海区	0次	0万元	【报送】
	2015/3/24	茅岭村张先生有500株胸径10公分以上香樟树出售，详询13868208331	定海信息员	城东街道|环南街道|盐仓街...	0次	0万元	【报送】
	2015/3/24	本周五（3月27日）上午8:00，市农林委开展优质农资集中展销活动，...	小沙街道联络站(...	小沙街道	0次	0万元	【报送】
	2015/3/24	衢山镇枕头山村委下面（世纪新茂对面）有5间门面房出租，有意者请...	岱山县衢山镇联络...	衢山镇	0次	0万元	【报送】
	2015/3/20	卫丰农产品专业合作社出售优质菜籽油，8元/斤，欢迎选购，详询傅先...	定海信息员	定海区	0次	0万元	【报送】
	2015/3/18	每日一助：桃花岛志绪家庭农场3月18日至4月18日期间，进行一个月...	谢腾圣	桃花镇	0次	0万元	【报送】
	2015/3/11	枕头山村文化活动中心位于衢山镇敬业小学对面，2幢，大小房屋85间...	岱山县衢山镇联络...	衢山镇	0次	0万元	【报送】
	2015/3/3	每日一助：定海三墨果木专业户供应日本引进1年生优质蜜桃树苗，苗...	舟山联络(信息)	新城管委会|解放街道|昌国...	0次	0万元	【报送】
	2015/3/3	今天是第二个“世界野生动植物日”，今年的活动主题是：依法保护野...	嵊泗县联络支站(...	嵊泗县	0次	0万元	【报送】
	2015/2/9	沼潭村大坑地出售“蹓床头”放山鸡每斤21元，土鸭每斤25元，土鸡蛋...	岱山县衢山镇联络...	衢山镇	0次	0万元	【报送】
	2015/1/27	沼潭村大坑地有蹓床头土鸡、土鸡蛋、土鸭平价出售，联系人：何先生...	岱山县衢山镇联络...	衢山镇	0次	0万元	【报送】

删除　　首页　上一页　1　下一页　尾页

3. 成效报送录入

管理员点击“商务服务维护”→“成效报送录入”进入成效报送录入界面，只需填写标题、内容、关键字、来源方式、出处，还可添加附件，填写完毕后点击“保存”即可提交服务成效报送，如下图所示。

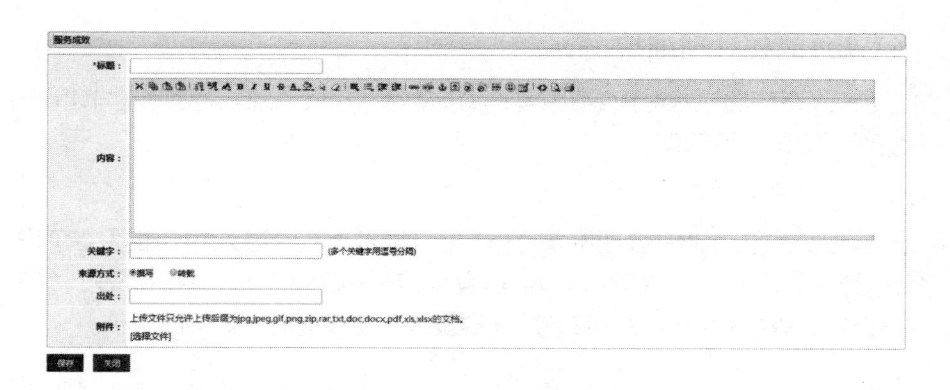

4. 成效报送管理

管理员点击“商务服务维护”→“成效报送管理”进入服务成效管理界面，界面包含了“待审核”“已审核”“全部审核”三大选项卡，在“待审核”选项卡中，管理员可以对提交的服务成效进行审批，对于有实际需要的短信给予审批通过，否则可以删除。审核通过的在“已审核”选项卡中可以查看，如下图所示。

服务成效管理

待审核 已审核 全部审核

搜索已审核的服务成效

标题： 发布人： 地区： 搜索

		标题	点击数	地区	发布日期	发布人	修改	删除
1		“每日一助”助草莓销售	1957	舟山市岱山县	2014/3/19 16:00:17		【修改】	【删除】
2		“灾前防，灾后救”每日一助成好帮手	6411	舟山市定海区	2013/10/31 14:44:46		【修改】	【删除】
3		晚稻杨梅采摘游火了	7459	舟山市定海区	2013/10/31 14:33:05		【修改】	【删除】
4		助推北蝉柑橘销售	5053	舟山市定海区	2013/10/31 14:29:06		【修改】	【删除】
5		推广鱼酱，每日一助帮大忙	4792	舟山市定海区	2013/10/31 14:23:05		【修改】	【删除】
6		宣传平台带动[illegible]采摘游	4824	舟山市定海区	2013/10/31 14:14:02		【修改】	【删除】
7		每日一助天气预报带来了大实惠	431	舟山市定海区	2013/10/31 14:09:10		【修改】	【删除】
8		农民信箱帮助销售	372	舟山市定海区	2013/10/30 17:14:41		【修改】	【删除】
9		定海区药品安全基本知识走进农民信箱	1159	舟山市定海区	2013/10/17 10:06:47		【修改】	【删除】
10		册子“[illegible]”走俏岛城，农民信箱帮大忙	835	舟山市定海区	2012/10/30 18:15:21		【修改】	【删除】
11		每日一助促舟山晚稻杨梅[illegible]，带火市场	1084	舟山市定海区	2012/7/30 16:23:12		【修改】	【删除】
12		农民信箱促军民[illegible]	1435	舟山市定海区	2012/5/21 11:26:45	王倩颖	【修改】	【删除】
13		每日一助促小番茄销售	546	舟山市市级机关	2009/9/21 16:53:55		【修改】	【删除】
14		每日一助促[illegible]销售	557	舟山市市级机关	2009/9/21 16:48:07		【修改】	【删除】
15		每日一助促[illegible]杨梅山采摘游活动	528	舟山市市级机关	2009/9/21 16:46:19		【修改】	【删除】
16		每日一助促“白沙”白枇杷销售	622	舟山市市级机关	2009/9/21 16:40:24		【修改】	【删除】

对于审核通过的服务成效还可以进行“修改”“删除”操作，如下图所示。

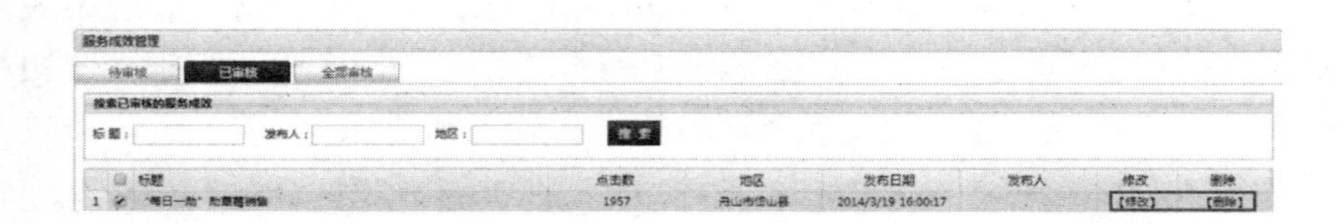

（五）流程管理维护

流程管理维护主要分四项内容：短信群发审批、短信群发管理与建议投诉处理、建议投诉管理。

1.短信群发管理

管理员点击“流程管理维护”→“短信群发管理”进入短信群发管理界面，管理员可以对用户提交的短信群发申请（主要包括通知短信群发、气象短信群发、农技短信群发、服务短信群发等）进行管理，如下图所示。

界面中以列表方式显示了短信群发申请的发件人、发送范围、申请人地区、短信内容、发送时间、状态以及功能区等信息。

查看短信申请：点击短信标题或者点击短信记录对应的功能区下“详细”按钮进入短信群发申请的详细页面查看。

查找短信申请：最上面一行显示了条件搜索引擎，当短信群发申请数量很多时，可以利用该功能实现快速搜索，目前系统提供了按照“发件人”“短信内容”“起始时间”“结束时间”等查找模式。管理员可按条件输入发件人或短信内容的关键字进行模糊搜索查询到指定的短信群发申请，也可设置起始结束时间搜索某一时间段的短信群发申请。

删除短信申请：将该公共政务前的方框打上“√”，点击列表下方的“删除”按钮即可进行公共政务批量删除操作，也可点击短信记录对应的功能区下“删除”按钮逐一删除。

2. 建议投诉管理

管理员点击“流程管理维护”→“建议投诉管理”进入建议投诉管理界面，管理员可以对用户提交的建议投诉进行管理，如下图所示。

工单号	姓名	手机	类型	状态	意见投诉简述	发布时间	功能区
35	衢州市联络分站（...	15606700522	建议	发起意见投诉	kkkk	2014/9/25 17:04:33	[详细]　[删除]
34	衢江区联络总站	18657012102	投诉	审核受理驳回	gfnjglvnkgf	2014/9/25 16:37:47	[详细]　[删除]
33	浮石乡联络站（毛...	13567042751	投诉	审核受理通过	123	2014/9/25 16:18:35	[详细]　[删除]
32	浮石乡联络站（毛...	13567042751	投诉	客户反馈结束	asddfggg11111111111111111111111111111...	2014/9/25 16:04:17	[详细]　[删除]
31	系统管理员	13999999999	建议	审核受理通过	这是一条建议信息	2014/9/2 20:25:13	[详细]　[删除]
30	系统管理员	13999999999	投诉	审核受理驳回	测试	2014/8/21 17:14:55	[详细]　[删除]
29	系统管理员	13999999999	建议	审核受理驳回	测试建议	2014/8/21 17:14:20	[详细]　[删除]
28	管理员	15306662246	投诉	客户反馈结束	aa	2014/8/21 10:46:43	[详细]　[删除]
27	管理员	15306662246	投诉	处理审核通过	嗯嗯	2014/8/21 10:43:23	[详细]　[删除]
25	系统管理员	13999999999	建议	客户反馈结束	这是一条建议信息	2014/8/13 13:27:15	[详细]　[删除]
23	管理员	15306662246	投诉	审核受理驳回	第三段	2014/8/12 13:45:14	[详细]　[删除]
22	系统管理员	13999999999	投诉	客户反馈结束	fsfs	2014/8/12 9:23:40	[详细]　[删除]
21	管理员	15306662246	建议	审核受理驳回	测试	2014/8/11 11:43:44	[详细]　[删除]
20	系统管理员(联络)	13999999999	投诉	客户反馈结束		2014/7/28 19:47:45	[详细]　[删除]
19	系统管理员(联络)	13999999999	投诉	审核受理通过		2014/7/28 19:47:42	[详细]　[删除]

界面中以列表方式显示了建议投诉的工单号、姓名、类型、手机、状态、意见投诉简述、发布时间以及功能区等信息。

查看建议投诉：点击建议投诉标题或者点击该记录对应的功能区下“详细”按钮进入建议投诉的详细页面查看。

查找建议投诉：最上面一行显示了条件搜索引擎，当建议投诉数量很多时，可以利用该功能实现快速搜索，目前系统提供了按照“工单号”“姓名”“类型”“手机”“意见简述”“状态”等查找模式。

删除建议投诉：只能通过点击意见投诉记录对应的功能区下“删除”按钮逐一删除。

（六）网上调查维护

网上调查维护主要包含网上调查管理栏目。

网上调查管理

管理员点击“网上调查维护”→“网上调查管理”进入网上调查管理界面，可以对用户提交的建议投诉进行管理，如下图所示。

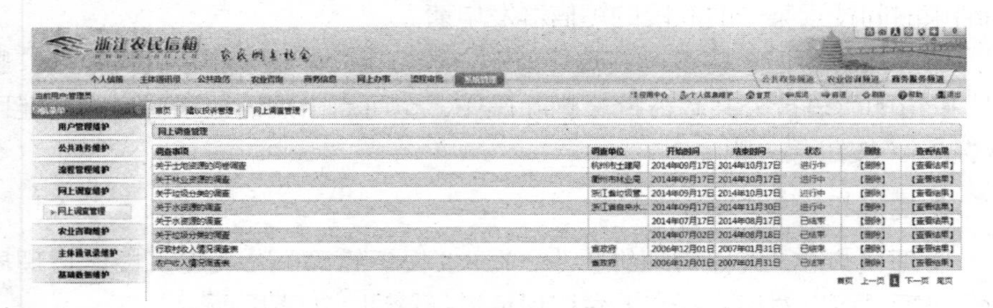

界面中以列表方式显示了网上调查的调查事项、调查单位、开始时间、结束时间、状态、删除、查看结果等信息。

查看网上调查：点击网上调查标题或者点击该记录对应的功能区下“查看结果”按钮进入网上调查的详细页面查看，如下图所示。

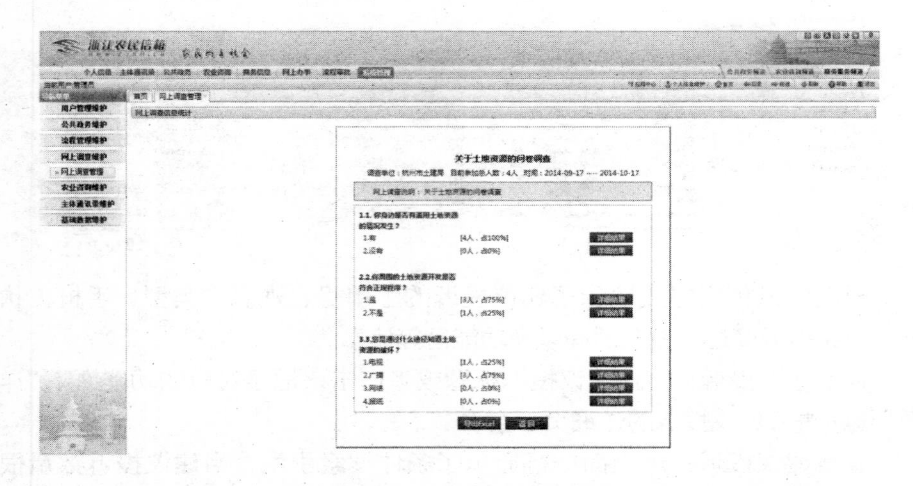

管理员可以通过页面了解到每个问题选项的选择数与所占比例，也可点击问题选项对应的“详细结果”按钮，进入问题选项的详细人员名单，如下图所示。

1. 你身边是否有滥用土地资源的情况发生？选择：‘有’的用户名单

姓名	地区
缙云县联络支站(农业局)	浙江省丽水市缙云县
陶碧	浙江省台州市
系统管理员	浙江省
管理员	浙江省

返回

首页 上一页 1 下一页 尾页

导出网上调查：若想要导出某一网上调查的调查结果，只需点击网上调查详细页面下方的“导出Excel”按钮，点击“保存”至“我的电脑”即可，如下图所示。

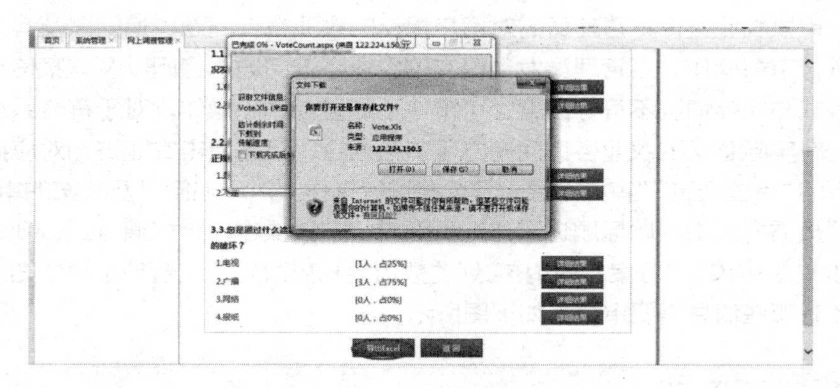

删除网上调查：只能通过点击网上调查记录对应的功能区下“删除”按钮逐一删除。

（七）农业咨询维护

农业咨询维护主要包括四项内容：农业咨询管理、技术资料管理、信息分类维护、处理人维护。

1. 农业咨询管理

点击左侧菜单“农业咨询维护”→“农业咨询管理”出现如图所示界面。

浙江农民信箱　农民网上社会

个人信箱 | 主体通讯录 | 公共政务 | 农业咨询 | 商务信息 | 网上办事 | 流程审批 | 系统管理

公共政务频道 | 农业咨询频道 | 商务服务频道

当前用户:管理员

应用中心 | 个人信息维护 | 首页 | 后退 | 前进 | 刷新 | 帮助 | 退出

功能菜单：用户管理维护、公共政务维护、流程管理维护、网上调查维护、农业咨询维护（农业咨询管理、技术资料管理、信息分类维护、处理人维护）、主体通讯录维护、基础数据维护

首页 | 农业咨询管理

咨询管理

分类查找　☑未审核 ☑审核已通过 □审核不通过 □已解决 □未解决　搜索

标题	提问人	状态	咨询/未审核	答案/未审核	指定专家	发布日期	操作
xxxxx	管理员	未审核				2014-10-14 ...	[通过审核] [审核不通过] [删除] [结束问题]
是的	管理员	未审核				2014-10-14 ...	[通过审核] [审核不通过] [删除] [结束问题]
建园	系统管理员	未审核				2014-10-09 ...	[通过审核] [审核不通过] [删除] [结束问题]
芹菜应该施什么肥料？	管理员	审核通过	1/1	0/0		2014-10-15 ...	[审核不通过] [删除] [结束问题]
农业经营管理的范围？	管理员	审核通过	1/1	0/0		2014-10-14 ...	[审核不通过] [删除] [结束问题]
[illegible]	管理员	审核通过	1/2	0/0		2014-10-14 ...	[审核不通过] [删除] [结束问题]
[illegible]	管理员	审核通过	1/1	0/0		2014-10-14 ...	[审核不通过] [删除] [结束问题]
请问：这是什么作物？	管理员	审核通过	1/1	0/0		2014-10-14 ...	[审核不通过] [删除] [结束问题]
测试	管理员	审核通过	2/2	2/2		2014-09-30 ...	[审核不通过] [删除] [结束问题]
品种：水稻有哪些品种	[illegible]	审核通过	0/0	0/0		2014-09-25 ...	[审核不通过] [删除] [结束问题]
建园[illegible]	[illegible]	审核通过	0/0	0/0		2014-09-[illegible] ...	[审核不通过] [删除] [结束问题]
建园[illegible]	[illegible]	审核通过	0/0	0/0		2014-09-[illegible] ...	[审核不通过] [删除] [结束问题]
建园[illegible]	[illegible]	审核通过	0/0	0/0		2014-09-[illegible] ...	[审核不通过] [删除] [结束问题]
建园[illegible]	[illegible]	审核通过	0/0	0/0		2014-09-[illegible] ...	[审核不通过] [删除] [结束问题]
建园[illegible]	[illegible]	审核通过	0/0	0/0		2014-09-[illegible] ...	[审核不通过] [删除] [结束问题]

首页 上一页 1 2 3 下一页 尾页

界面中以列表方式显示了农业咨询问题的标题、提问人、状态、追问/未审核、答案/未审核、指定专家、发布日期、操作等信息。

查找农业咨询：最上面一行显示了条件搜索引擎，可通过分类查找不同状态(“未审核”“审核已通过”“审核不通过”“已解决”“未解决”)的农业咨询信息，只需勾选复选框点击“搜索”按钮即可。系统还提供了按照“标题关键字”查找模式。管理员可输入一些标题的已知信息，输入关键字进行查找到指定的农业咨询信息。

审核农业咨询：管理员需对用户提交的农业咨询问题、追问以及答案信息进行审核操作。当管理员发现提交的农业咨询问题、追问以及答案信息有错误或与实际情况不符等问题，可审核不通过或删除操作。对于符合系统要求、有实际意义的农业咨询问题方可审核通过，只需点击农业咨询对应操作区下的“审核通过”“审核不通过”按钮进行操作。对于追问以及答案的审核，管理员需要点击问题标题进入详细页面进行审核操作，审核通过后，列表中“追问/未审核”“答案/未审核”列的数值会相应改变，让管理员清楚知道是否还有哪些信息需要审核，如下图所示。

删除农业咨询：只能通过点击农业咨询记录对应的操作区下“删除”按钮逐一删除问题，对于提交的追问、答案删除需要点击进入咨询详细页面进行删除操作。

结束农业咨询：当管理员认为某一咨询问题的追问、答案已经饱和，没有继续让用户回答、追问的必要时，可点击操作区下的“结束问题”按钮结束该问题。当问题被结束后，用户不再有继续追问和回答的权利，只能进行浏览。

2.技术资料管理

技术资料管理界面分为两个部分。

最上面一行显示了条件搜索引擎，当资料库信息数量很多时，可以利用该功能实现快速搜索，目前系统提供了按照“标题”查找模式。可以按照“标题中的关键字”搜索到指定的技术资料。

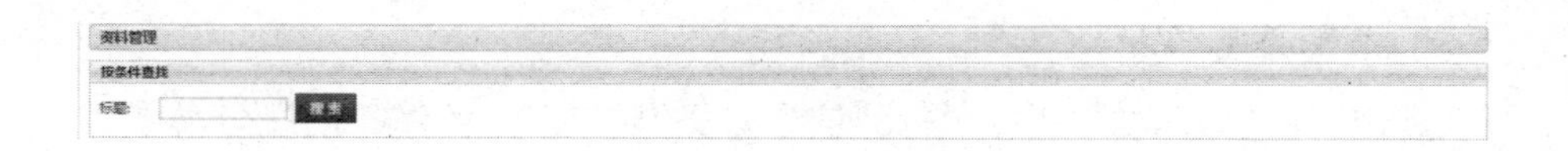

中间部分为技术资料信息列表，以列表方式显示了资料的标题、类型、发布日期和操作区的信息，如下图所示。

标题	类型	发布日期	操作
设施农用地范围及相关管理规定有哪些？	浙江惠农...	2014/9/4 16:...	【修改】【删除】
如何办理设施农用地手续？	浙江惠农...	2014/9/4 16:...	【修改】【删除】
测土配方施肥有什么好处？	浙江惠农...	2014/9/4 16:...	【修改】【删除】
蔬菜瓜果的保险对象、保险范围、保险金额、保费和保费补贴分别是多少?负担比例如何?	浙江惠农...	2014/9/4 16:...	【修改】【删除】
如何计算保额和保费？	浙江惠农...	2014/9/4 16:...	【修改】【删除】
农业保险资金采取哪种监管方式?	浙江惠农...	2014/9/4 16:...	【修改】【删除】
鲜活农产品运输包括哪些?	浙江惠农...	2014/9/4 16:...	【修改】【删除】
2012年省粮食生产扶持政策有哪些?	浙江惠农...	2014/9/4 16:...	【修改】【删除】
防止杏鲍菇菌种退化的要点	技术资料	2014/8/8 14:...	【修改】【删除】
沼肥栽培蘑菇技术	技术资料	2014/8/8 14:...	【修改】【删除】
玉米芯袋栽培香菇	技术资料	2014/8/8 14:...	【修改】【删除】
桑园更新改造	技术资料	2014/8/8 14:...	【修改】【删除】
家庭养蚕“四忌”	技术资料	2014/8/8 14:...	【修改】【删除】
蚕的采茧与售茧	技术资料	2014/8/8 14:...	【修改】【删除】
畜牧业防汛抗灾技术措施	技术资料	2014/8/8 14:...	【修改】【删除】

首页 上一页 1 2 3 4 5 6 7 8 下一页 尾页

当发现有错误、虚假和不良的技术资料或格式不当的资料信息时，可进行修改和删除操作。点击要删除信息列表右侧的“删除”，即可删除该信息。点击右侧的“修改”按钮，则跳转出如下界面对信息进行修改，此操作和“提交信息”类似，也是修改相关信息后点击“修改”完成资料信息的修改。当然也可以点击“返回”不对信息进行修改，如下图所示。

资料修改

标题：设施农用地范围及相关管理规定有哪些？

*类型：◉ 浙江惠农百问 ○ 技术资料

类别：◉ 粮油产业 ○ 茶叶产业 ○ 蚕桑产业 ○ 食用菌产业 ○ 中药材产业 ○ 畜牧产业 ○ 蔬菜产业 ○ 花卉 ○ 棉麻糖 ○ 家畜养殖 ○ 饲料 ○ 兽医 ○ 兽药 ○ 植保 ○ 植检 ○ 土壤 ○ 肥料 ○ 农业生态环境 ○ 种子 ○ 农机 ○ 农村能源 ○ 农产品质量安全 ○ 农业政策 ○ 农业法律 ○ 农业行政执法 ○ 农村经营管理 ○ 农产品营销 ○ 农业科技

分类：○ 品种 ○ 栽培 ○ 植保 ○ 病虫害 ○ 土肥

作者：管理员

来源：原创

内容：设施农用地是指：直接用于经营性养殖的畜禽舍、工厂化作物栽培或水产养殖的生产设施用地及其相应附属设施用地，农村宅基地以外的晾晒场等农业设施用地。生产设施用地和附属设施用地直接用于或者服务于农业生产，其性质不同于非农业建设项目用地，依据《土地利用现状分类》（GB/T 21010—2007），按农用地管理。进行工厂化作物栽培的，附属设施用地规模原则上控制在项目用地规模5%以内，但最多不超过10亩；进行规模化种植的附属设施用地规模原则上控制在项目用地规模3%以内，但最多不超过20亩；规模化畜禽养殖的附属设施用地规模原则上控制在项目用地规模7%以内（其中，规模化养牛、养羊的附属用地规模比例控制在10%以内），但最多不超过15亩；水产养殖的附属设施用地规模原则上控制在项目用地规模7%以内，但最多不超过10亩。

附件：无

(请在添加附件后点击[上传文件]按钮) 只允许上传后缀为doc,docx,xls,xlsx,ppt,pptx,rar,jpg,jpeg,gif,png的文档。

附件：选择文件

确定　返回

3.信息分类维护

点击“信息分类维护”，进入“信息分类维护”页面，在“信息分类维护”中，管理员可以对已有分类进行修改、删除，同时也可以新增分类。

如需要某一产业类别下添加新的农业分类，例如在“粮油产业”下新增“油茶”分类，操作如下：

首先选中“粮油产业”作为父级分类，在右侧新信息分类管理中填写新增分类名称，如“油茶”，填写关键字和信息分类排序，单击确定，新增信息分类完成。菜单排序中输入的数字是表示新增菜单后显示的顺序。

新增的信息分类在农业咨询平台下的“农技知识库”“农业问答”“农技专家”“我要问”的类别中显示，如下图所示。

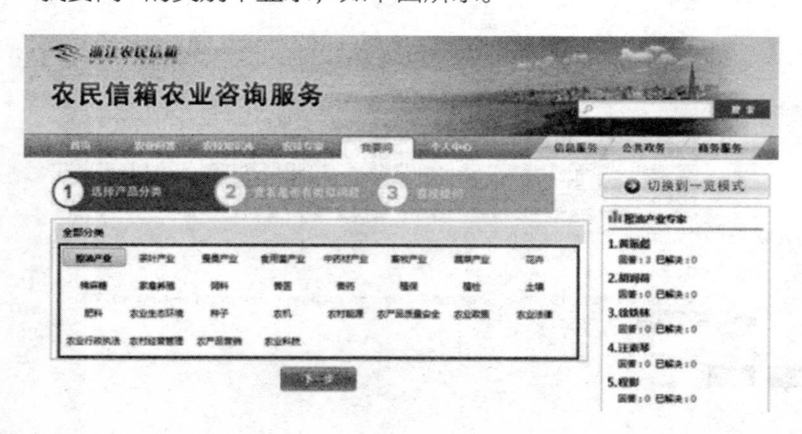

若要删除某一信息分类，只需选中需要删除的菜单，单击“删除选择分类”即可，如下图所示。

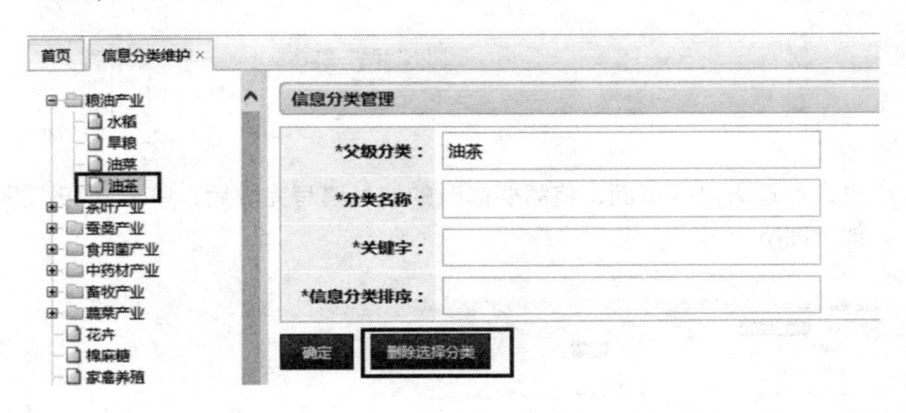

4. 处理人维护

点击“处理人维护”，进入“处理人维护”页面，在“处理人维护”中，管理员可以对已有处理人进行修改、删除，同时也可以新增处理人，如下图所示。

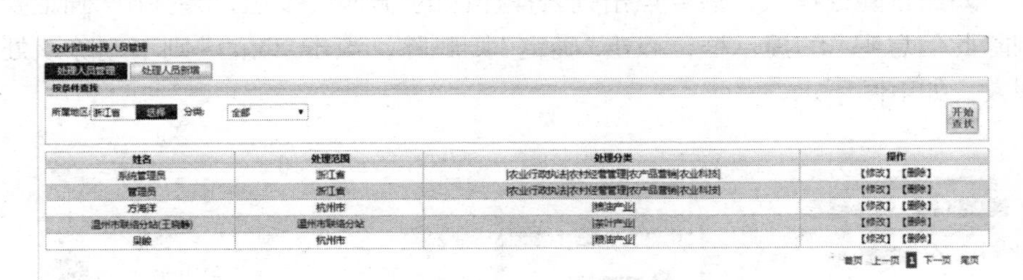

如需添加新的处理人，只需点击“处理人新增”栏目，选择处理人、处理范围以及处理分类，点击“确定”即可新增成功，新增成功的处理人在处理人员管理列表中显示，如下图所示。

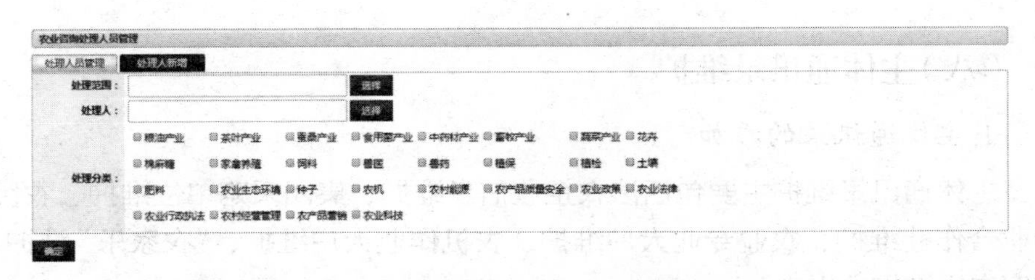

如需修改处理人的处理范围、处理类别或者处理人名称，只需点击列表操作区的“修改”按钮，如下图所示。

农业咨询处理人员管理

处理人员管理　处理人员新增

按条件查找

所属地区：浙江省　选择　分类：全部　开始查找

姓名	处理范围	处理分类	操作
系统管理员	浙江省	|农业行政执法|农村经营管理|农产品营销|农业科技|	【修改】【删除】
管理员	浙江省	|农业行政执法|农村经营管理|农产品营销|农业科技|	【修改】【删除】
方海洋	杭州市	|粮油产业|	【修改】【删除】
温州市联络分站(王晓静)	温州市联络分站	|茶叶产业|	【修改】【删除】
吴皎	杭州市	|粮油产业|	【修改】【删除】

首页　上一页　1　下一页　尾页

进入处理人修改页面，将需要修改的信息填写完成后，单击“修改”即可，如下图所示。

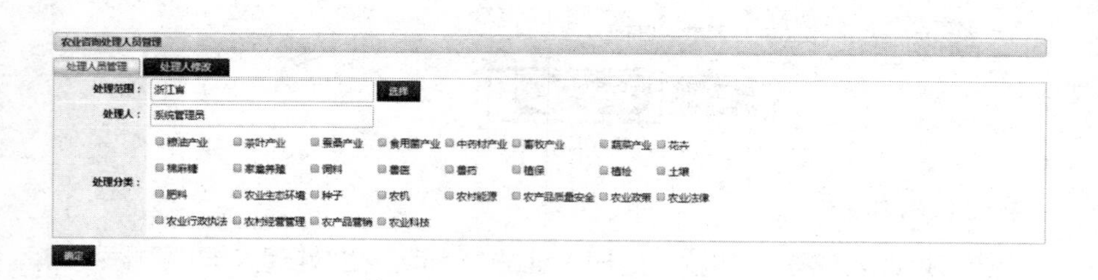

如需删除处理人，只要点击列表操作区的“删除”按钮，会弹出“确定要删除此信息吗”的提示框，点击“确定”则删除，点击“取消”则不删除该处理人，如下图所示。

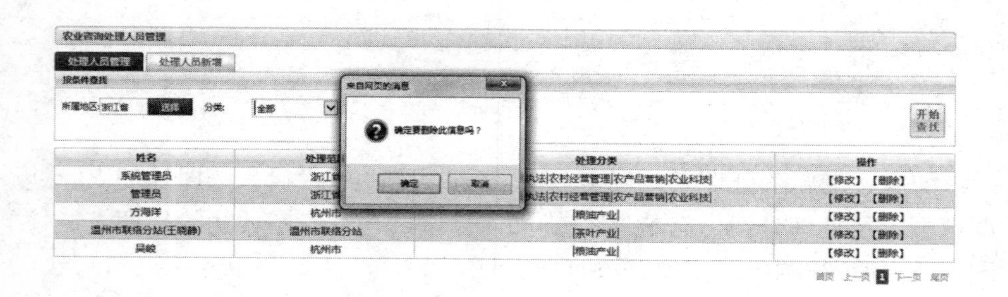

（八）主体通讯录维护

1.主体通讯录的添加

主体通讯录维护主要包括涉农企业信息维护、集团采购单位维护、农民专业合作社维护、农业专业大户维护、农机作业大户维护、“农家乐”维护、家庭农场维护几大类。

各类的信息维护基本大同小异，下面以涉农企业信息维护为例。

在维护主体通讯录的过程中，首先要在“系统管理”→“基础数据维护”→“地区管理”界面中，找到××地区下的“农业主体”。展开“农业主体”，可以看到农业主体下包括“涉农企业”“专业合作社”“农家乐”等农业主体。鼠标选中“涉农企业”，在右侧“添加下属地区”一栏，选择地区类型为“农业主体”，输入地区名称，点击“添加”即可，如下图所示。

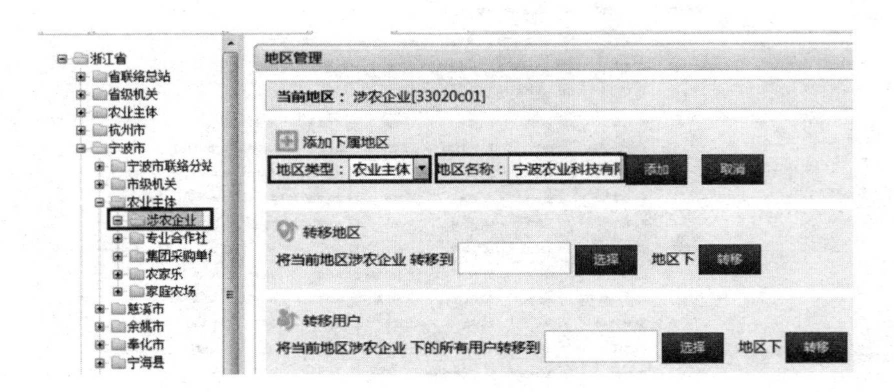

添加成功后，在地区树目录下找到新增的涉农企业，点击该涉农企业。右侧的当前地区则跳转至新增的“涉农企业”下，如下图所示。

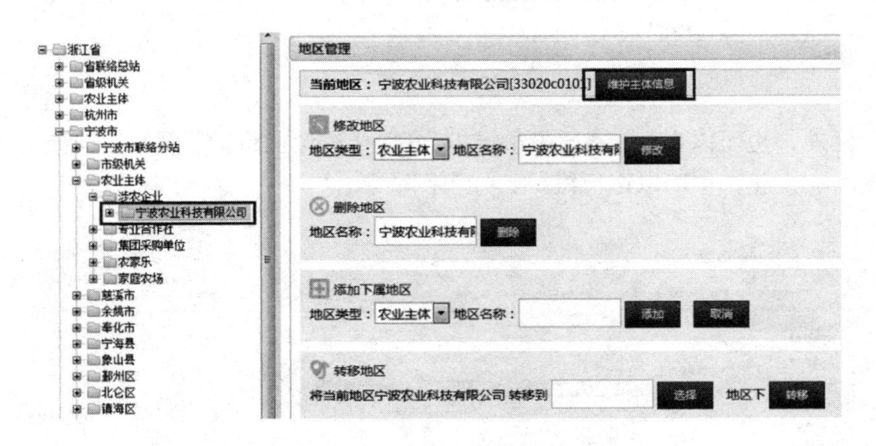

点击涉农企业后的“维护主体信息”按钮，进入该涉农企业添加页面，如下图所示。

维护涉农企业信息

*企业名称：宁波农业科技有限公司 选择

*通讯地址：

*法人代表：

*联系电话：

*龙头企业级别：国家级 省级 市级 县级 其它

*经营类别：生产加工 经营流通 综合服务

*产业分类(大类)：粮油糖 蔬菜 花卉苗木 食用菌 蚕桑 茶叶 果品 家畜 家禽 蜂产品 淡水产品 海水产品 林产品 乳制品 药材 烟草 农机 农资 其它

*产业分类(小类)：稻谷 大小麦 豆类 薯类 其他粮食 油菜籽 花生 油茶籽 其他油料 甘蔗 其他糖料 新鲜蔬菜 脱水蔬菜 冷冻蔬菜 腌制蔬菜 其他蔬菜 柑桔 杨梅 桃 梨 枇杷 葡萄 梅 西瓜 山核桃 香榧 白果 板栗 其它瓜果 茶叶 笋产品 竹木产品 香菇 黑木耳 金针菇 蘑菇 其它食用菌 蜂产品 花卉 苗木 草皮 蚕桑 乳制品 猪 牛 羊 兔 其他牲畜 鸡 鸭 鹅 其他禽类 淡水鱼 淡水虾 淡水蟹 [illegible] 其他淡水产品 海水鱼 海水虾 海水蟹 海水贝类 海水藻类 其他海水产品 种子 种子种苗 饲料 添加剂 农药 兽药 渔药 疫苗 肥料及调节剂 农膜 其他农资 药材 棉花 麻 蚕丝 农用车 拖拉机 渔船 其他农业机械 其他未列品种

*注册资金： 万元

注册商标：

*年销售收入： 万元

*从业人数： 人

产品认证：有机食品 绿色食品 无公害食品

企业网站：http://

添加

另外，也可以在“主体通讯录维护”的“涉农企业维护”页面自行选择新增的涉农企业，也可以进行维护，如下图所示。

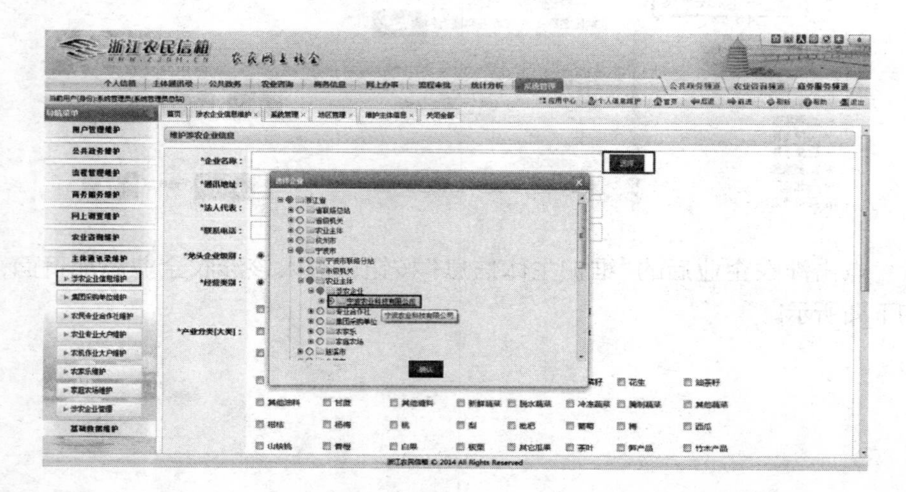

只需按要求填写涉农企业的姓名、法人代表、联系电话、注册资金、注册商标等一系列信息（其中带“红色*”标识的为必填项），填写完成后点击“添加”按钮，会提示“涉农企业信息维护成功”，如下图所示。

2. 主体通讯录的查看

非管理员用户可以在“主体通讯录”板块的“涉农企业”下可以查看添加完成的涉农企业信息，如下图所示。

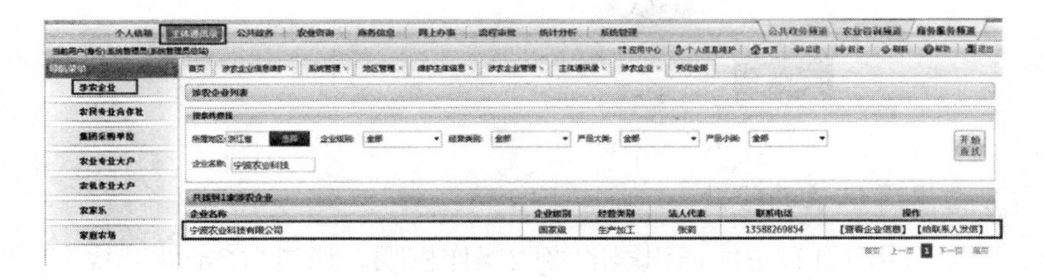

管理员用户具有主体通讯录的操作权限，还可以在“主体通讯录维护”的“涉农企业管理”列表中可以查找到，如下图所示。

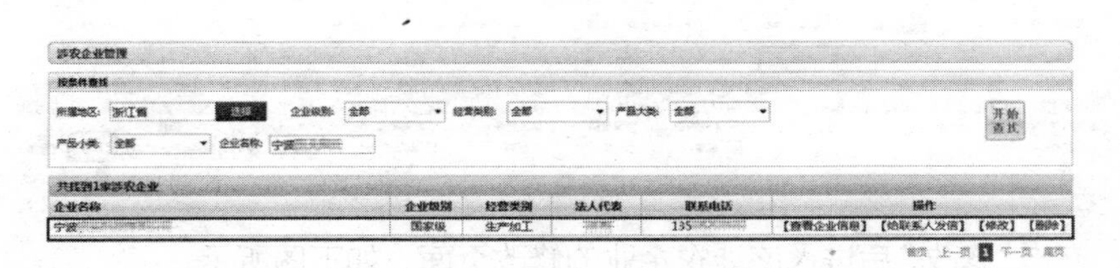

管理员用户和非管理员用户可以点击操作区下的“查看企业信息”按钮查看涉农企业详细信息，如下图所示。

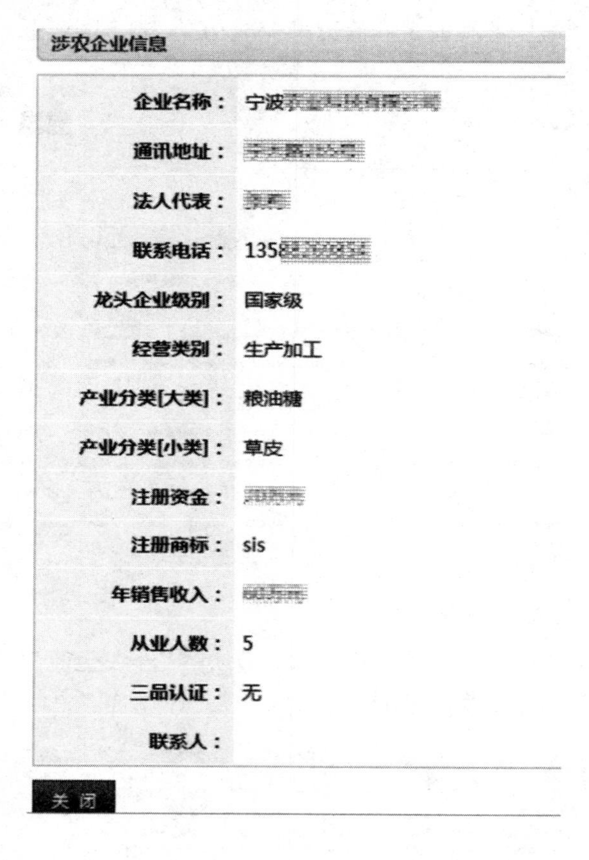

3. 主体通讯录的修改

管理员用户具有主体通讯录的修改操作权限。通过“按条件查找”查找到需要修改的涉农企业，点击操作区下的“修改”按钮，如下图所示。

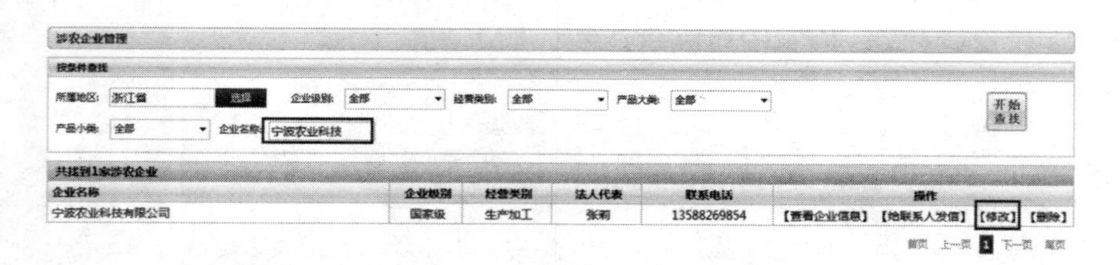

点击“修改”后进入该涉农企业的修改页面，如下图所示。

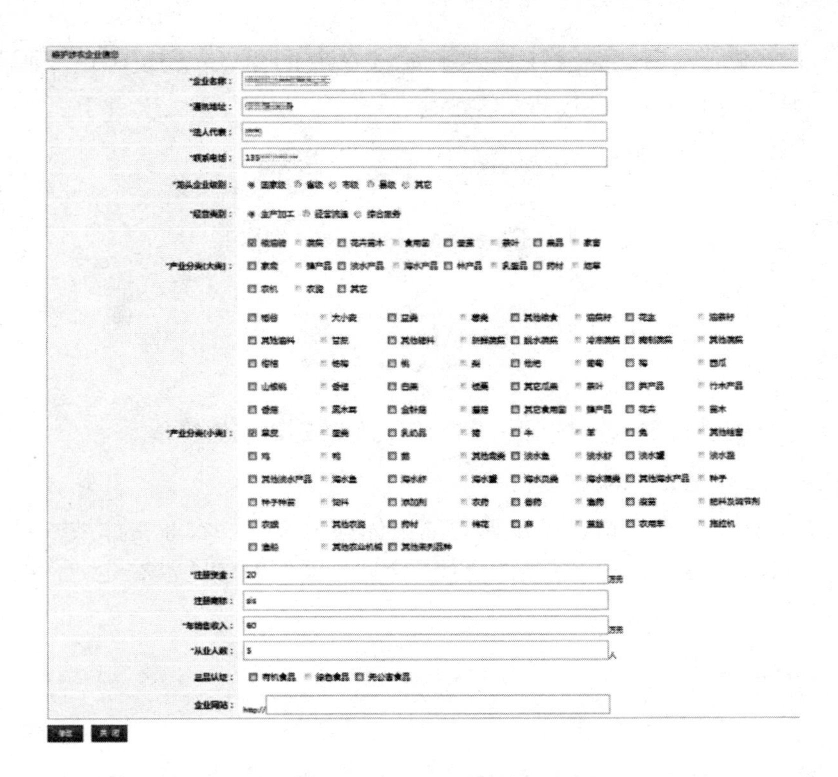

修改完成后点击“修改”即可将修改后的表单提交，系统会提示“涉农企业信息维护成功”，如下图所示。

4. 主体通讯录的删除

管理员用户具有主体通讯录的操作权限。通过“按条件查找”查找到需要删除的涉农企业，点击操作区下的“删除”按钮，如下图所示。

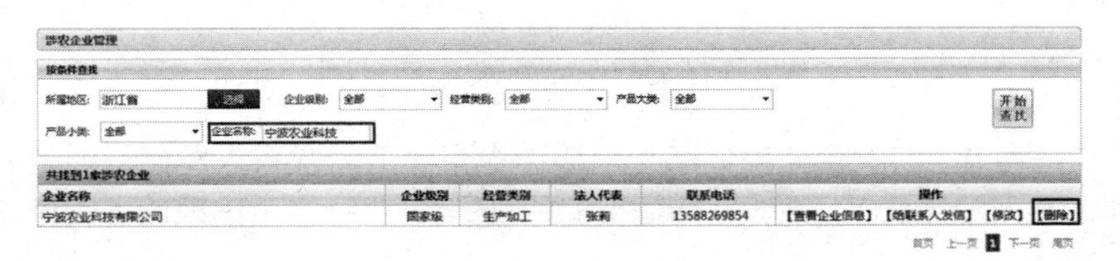

点击“删除”后会提示“确定要删除涉农企业吗”，点击“确定”则删除，点击“取消”则返回，如下图所示。

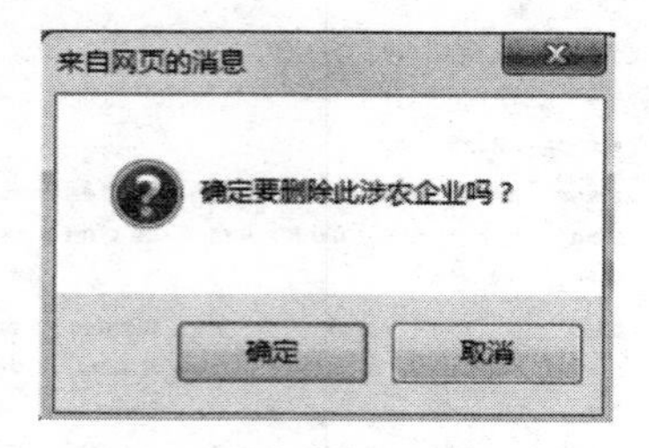

【注意】删除后的涉农企业无法恢复，删除时需谨慎操作。

5.给主体通讯录发信

管理员用户及非管理员都具有给主体通讯录下的农业主体或成员发信的操作权限，首先通过“按条件查找”查找到需要发信的涉农企业，如下图所示。

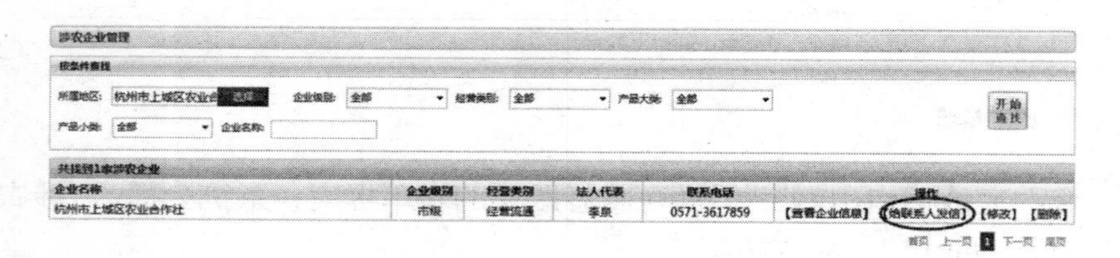

点击操作区下的“给联系人发信”按钮，进入写信页面，如下图所示。

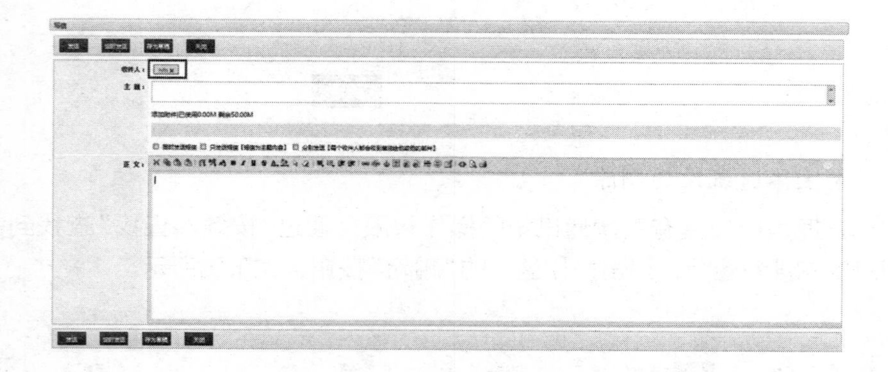

【注意】给涉农企业发信即为给该涉农企业下的联系人发信，因此点击“给联系人发信”后，跳转至写信页面的“收件人”一栏会出现该涉农企业的

联系人名单。若点击后写信页面的收件人一栏没有联系人，则说明该企业的还未设置联系人，需要联系管理员设置该涉农企业的联系人。设置完成后，用户方可给该涉农企业发信。

（九）基础数据维护

1.地区管理

地区列表以树型结构体现地区的层次关系，根据管理员管理权限的不同显示不同的地区列表范围。从界面中可以看到，地区列表栏中显示了整个“浙江省”的树形图，这说明目前管理员具有最高的管理权限，因此管理员可以对浙江省的相关信息进行维护。

地区管理主要包括添加下属地区、修改地区、删除地区、转移地区、转移用户几大操作，如下图所示。

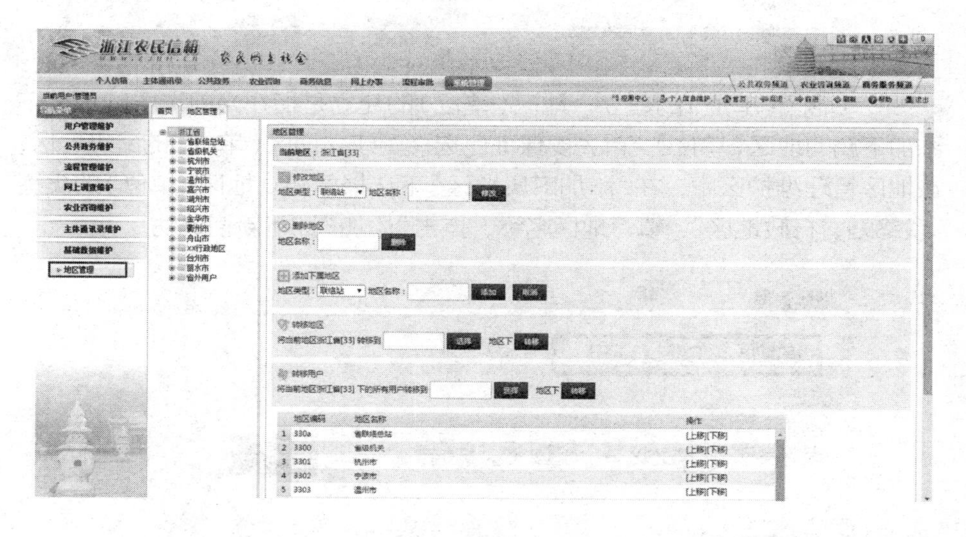

（1）地区（单位）文件夹的选择：当用鼠标点击地区（单位）名称前的文件夹图标▢前的“+”，则文件夹图标呈现打开形状，并显示下属地区，当再次点击该文件夹时前的“–”，文件夹又变为闭合形状，下属地区不显示。

当用鼠标点击地区列表中的地区（单位）名称时，也就选中了该地区（单位），并且在维护区可以对该地区进行增加、修改、删除、移动等操作。维护区界面如下图所示。

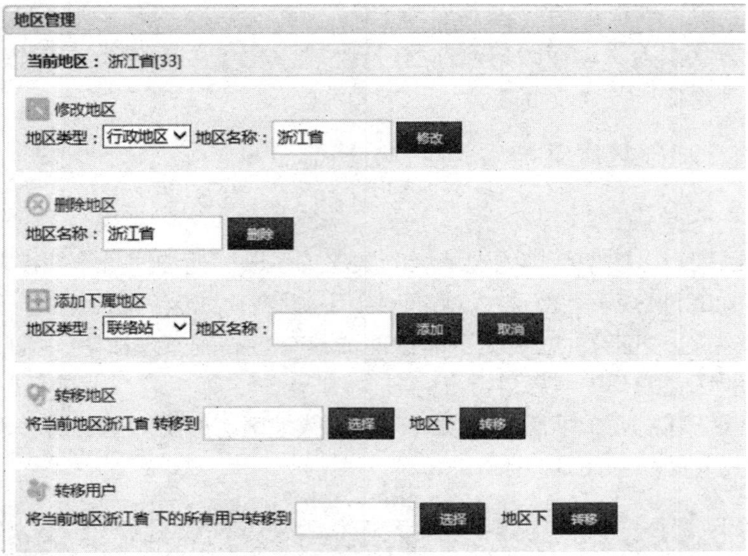

（2）地区（单位）的建立：地区（单位）的建立是指在当前选中的地区下添加下属的地区（单位）。首先要保证已选择要建立地区（单位）的父级地区，在地区管理维护区中，在“添加下属地区”下选择要建立地区（单位）的类型（联络站、行政地区），填写地区名称，点击“添加”即可新增成功。

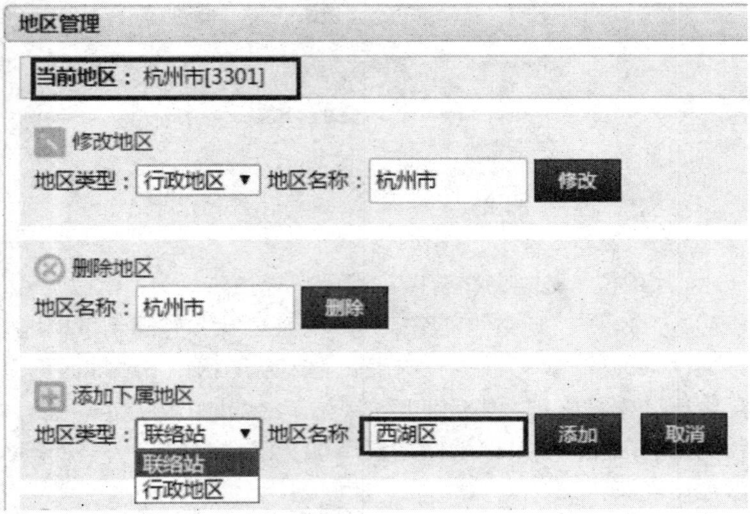

在地区建立之前，请详细阅读地区建立的规则，具体内容如下：

①“行政地区”类型的地区只能新增在“行政地区”类型的地区之下，并

且只能以省、市、县、区、乡、镇、街道、村、社区结尾，例如××市，否则无法添加成功。

②“联络站”类型的地区可以建立在“行政地区”“机关单位”“农业主体”“其他机构”类型的地区下，必须以“联络总站”“联络支站”“联络分站”“联络站”“联络点”“联络室”结尾，例如“××联络总站”，否则无法添加成功，并且联络站下不能添加地区。

③在各级行政地区下建立地区“×级机关”，地区类型为“行政单位”，该行政地区本级所有的“机关单位”类型的地区都要建立在“×级机关”地区目录之下。

④“农业部门”只能建立在“机关单位”之下。

⑤在各级行政地区下建立地区“农业主体”，地区类型为“农业主体”，该行政地区本级所有的“农业主体”类型的地区都要建立在“农业主体”地区目录之下。

⑥在各级行政地区下建立地区“其他机构”，地区类型为“其他”，该地区本级所有的“公司企业”“学校”“科研机构”“其他”类型的地区都要建立在“其他机构”地区目录下。

⑦行政地区根据地区级别，名称最后添加验证（如地级市：名称最后为“市”；县级市：名称最后为“区”“县”“市”；镇级：名称最后为“街道”“乡”“镇”；村：名称最后为“村”“社区”）。其他类型的地区不能以上述关键词结尾。

⑧在所有地区目录下都可以建议并且只能建立一个“联络站”类型的地区。

（3）地区（单位）的修改：地区（单位）的修改是指已经建立的地区（单位）名称错误的修改。在地区管理维护区中，首先要保证已选择要修改的地区（单位），点击“修改当前地区”按钮，在修改地区下的“地区名称”则出现选中的要修改地区，只需在文本框中输入修改内容，点击“修改”按钮就可修改完成，如下图所示。

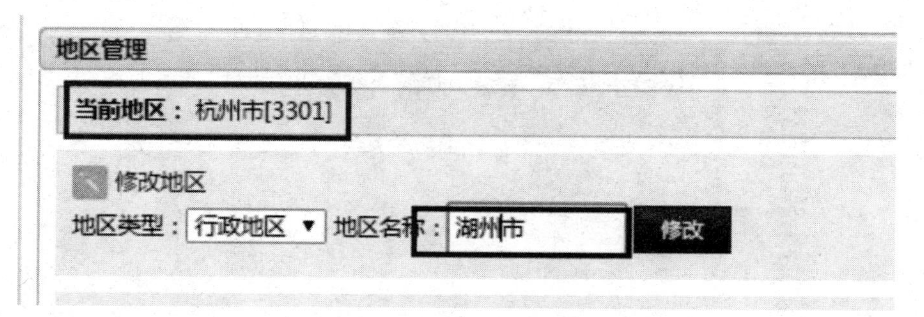

（4）地区（单位）的删除：在系统运行中，地区（单位）一般不予调整或删除。如果某地区（单位）名下设有单位或用户的，系统会关闭对它的删除操作，以防止误删。只有地区（单位）名下没有设置单位或用户的，系统才允许对其进行删除。若确实要删除，只需选中要删除地区（单位），在删除地区下点击“删除”即可完成，如下图所示。

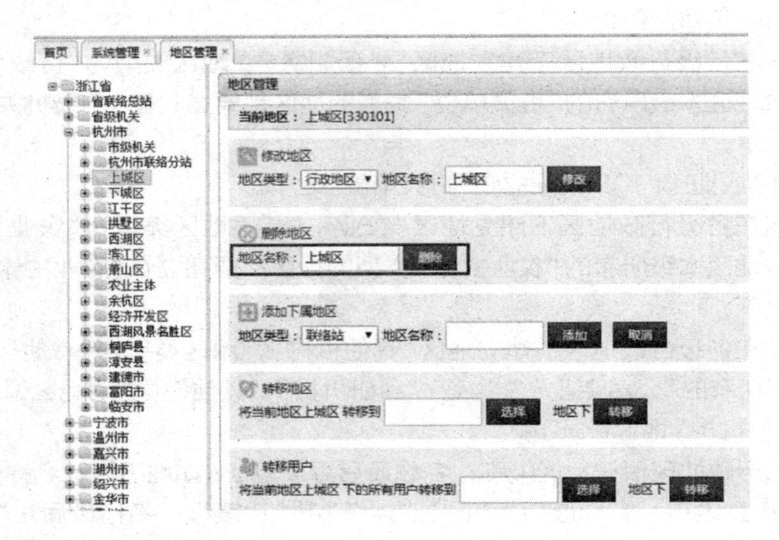

（5）地区（单位）的转移：地区（单位）的转移是指在当前选中的地区（单位）转移至同类型的另外一个地区（单位）下。首先要保证已选择要转移的地区（单位）在地区管理维护区中，在“转移地区”下选择要转移到的地区（单位）目的地。点击“转移”即可转移成功，如下图所示。

【注意】选择转移地区目的地时必须选择被转移地区的上一级地区，且地区类型不能改变。不同地区类型之间不能完成地区转移操作。

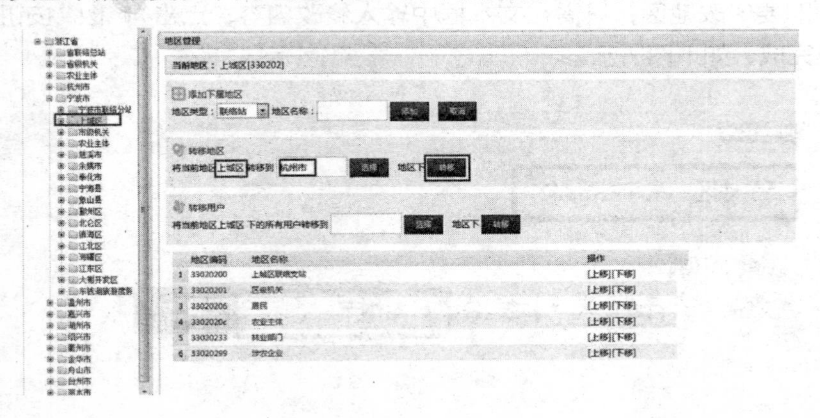

（6）用户的转移：用户的转移是指在当前选中的地区（单位）下的所有用户转移至同类型的另外一个地区（单位）下。首先要保证已选择要转移的地区（单位）在地区管理维护区中，在“转移用户”下选择要转移到的地区（单位）目的地。点击“转移”即可转移成功，如下图所示。

【注意】用户转移遵循地区建立规则，转移用户到另一地区下的过程中，选择的被转移地区用户必须是末级地区，且选择的转移地区目的地类型必须与原地区一致，否则用户转移无法成功。

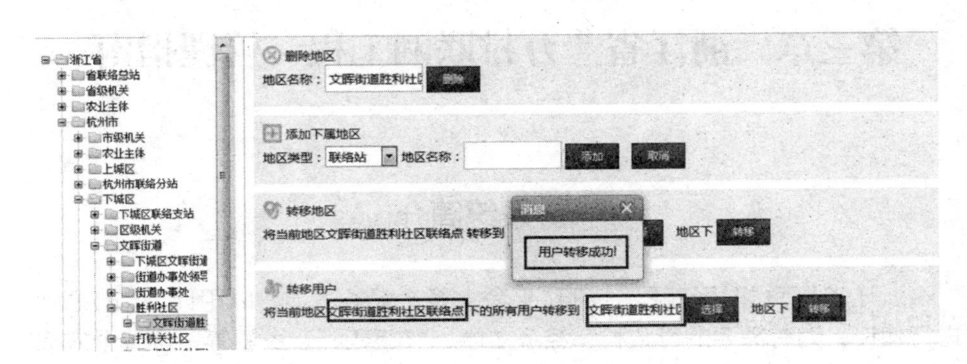

第三章　浙江省“万村联网工程”管理指南

一、系统简介

浙江省“万村联网工程”按照“平台上移、服务下延、以用促建”的原则进行建设，为有需要的行政村、经济主体、“农家乐”、乡镇等单位或个人提供自助建网站服务。在功能设置上，分为新农村、“农家乐”、农业企业三大模块，并提供了多套模板供制作网站，其特点可以归纳为以下六大特性。

一是权威性。“万村联网工程”由浙江省人民政府主办，浙江省农业厅承办，各级农业主管部门协办，依托“农民信箱”联络体系推广和实施，由省里统一建设管理，各级自行维护，发布和转载信息均来源于农口各部门、镇(乡、街道)、村(社区)等正规渠道，并且信息内容变动后需由县级以上农业主管部门进行审核发布，确保信息安全、可靠。

二是广泛性。“万村联网工程”纵向覆盖省、市、县(市、区)、镇(乡、街道)、村(社区)五级行政部门，目前，全省已经建设村级子网站2万余个，乡镇子网站1 400余个，经济主体子网站6 400余个，“农家乐”子网站1 100余个；发布信息60余万条。立志打造成为全国最大的新农村网站集群。

三是指导性。“万村联网工程”立足于新农村信息化建设，对促进村情村务公开、特色产业发展、农业企业宣传、“农家乐”经营拓展和农村信息员队伍建设具有十分重要的作用，是引导、推进和拓展农村信息化应用的有效载体。

四是创新性。“万村联网工程”依托网站集群技术，通过地图搜索框等崭新的模式提供访问。同时，积极探索、尝试农业和农村电子商务发展模式，促进农产品供求对接，提升农产品网上营销能力，促进现代农业发展。

五是专业性。“万村联网工程”提供便捷的建站流程，用户注册建站、信息审核和站点维护等操作都非常专业、快捷、高效；提供丰富、美观、大方的站点模板，界面均由专业美工设计，用户可根据不同的时期、不同的需求自行设置；提供灵活的应用功能，首页布局、栏目名称、数据格式等均可由用户自行设置，确保各地“万村联网工程”同步推进并各具特色。

六是友好性。“万村联网工程”信息维护依靠镇(乡、街道)、村(社区)、企业、“农家乐”的信息员，信息化理论和实践操作水平普遍较低，因此，系统的建设立足于为广大基层信息员提供服务，界面友好、操作简单，并提供图片处理、信息发布提示等各种操作说明，使其通过简单的培训即可自行使用。

二、新版本更新介绍

新版本万村联网紧扣“顶层设计”与“以用促建”两大原则，围绕两条主线进行功能升级：一是体现新农村建设总方向和当前农村工作重点；二是升级完善原版存在问题，适应新需求。主要包括调整网站模板设计，美化网站使用浏览；完善村级栏目，增加上推下送功能；完善后台管理系统功能，提升操作应用水平等。下面就具体更新分别介绍。

（一）优化省级平台

内容更丰富。整合各子网信息，同时以专题形式汇集农村热点；结构更清晰。展现信息及网站导航，隐藏固化介绍类信息等；界面更简洁。

（二）丰富村级网站模板

全新设计村级模板，完善界面布局，丰富信息内容，增强设置功能，满足村级网站个性化需求。

（三）完善村级网站栏目

升级后村级网站栏目类别有必设栏目、可选栏目和自定义栏目。

必设栏目：包括基本概况、领导班子、村规民约等3个介绍展示类；新农村建设（信息动态）、村务公开、基层党建、农技服务等4个信息动态类；下送惠农政策、他乡之石、买卖信息、“每日一助”等4个资源共享类；新增便民服务（办事指南）。

可选栏目：致富典型、家乡思短、思乡寄语、劳务供需等。

自定义栏目：各村网管理员可根据本村特色自行设置。

（四）新增信息上推下送功能

打通信息上下传递渠道，实现万村联网信息共建共享、双向推送。一是各地要组织推荐村级网站上反映重点工作、质量上乘的动态信息内容，在省级网站上分类显示；二是省、县管理员收集惠农政策以及相关涉农信息下送到村级网站。

（五）引入农业现代化评价指标

全面推进行政村规范建网设站。要求完整体现本村基本概况、领导班子、村规民约；及时更新发布新农村建设（信息动态）、村务公开、基层党建、农技服务；及时根据行政区划变更情况增减、调整行政村网站；消灭空白网站。

当前地区：浙江 ＞ 嘉兴市 ＞ 平湖市　　　　更新时间：2014-10-08

地区	总村数	总建站数	建站率	规范站点数	规范率
平湖市	98	98	100.0%	6	6.0%
新埭镇	10	10	100.0%	3	30.0%
广陈镇	11	10	90.0%	2	20.0%
新仓镇	9	8	90.0%	0	0.0%
独山港镇	24	24	100.0%	0	0.0%
黄姑镇	系统中没数据	0	--%	0	0.0%
林埭镇	11	11	100.0%	0	0.0%
曹桥街道	10	10	100.0%	0	0.0%

林埭镇建站规范情况汇总　　　　更新时间：2014-10-21

序号	站点名	操作	联系人(账号)	联系电话	是否合格	[illegible]	[illegible]	[illegible]	[illegible]	[illegible]	[illegible]	[illegible]	[illegible]
1	[illegible]	修改|代管|重置密码	[illegible](phldqf)	[illegible]									
2	东方红村	修改|代管|重置密码	[illegible](phlddh)	[illegible]									
3	[illegible]	修改|代管|重置密码	[illegible](phldxd)	[illegible]									
4	[illegible]	修改|代管|重置密码	[illegible](phldxx)	[illegible]									
5	[illegible]	修改|代管|重置密码	[illegible](phldbf)	[illegible]									
6	[illegible]	修改|代管|重置密码	[illegible](phldxz)	[illegible]									
7	[illegible]	修改|代管|重置密码	[illegible](phldzzc)	[illegible]									
8	[illegible]	修改|代管|重置密码	[illegible](phldcj)	[illegible]									
9	[illegible]	修改|代管|重置密码	[illegible](phldxjd)	[illegible]									
10	[illegible]	修改|代管|重置密码	[illegible](ldhuafeng)	[illegible]									
11	共和村	修改|代管|重置密码	[illegible](phldgh)	[illegible]									

（六）升级省、市、县及乡镇管理后台

新增后台系统主界面，主要有统计信息、待办工作、日常管理三大模块，方便事务处理，提高工作效率。

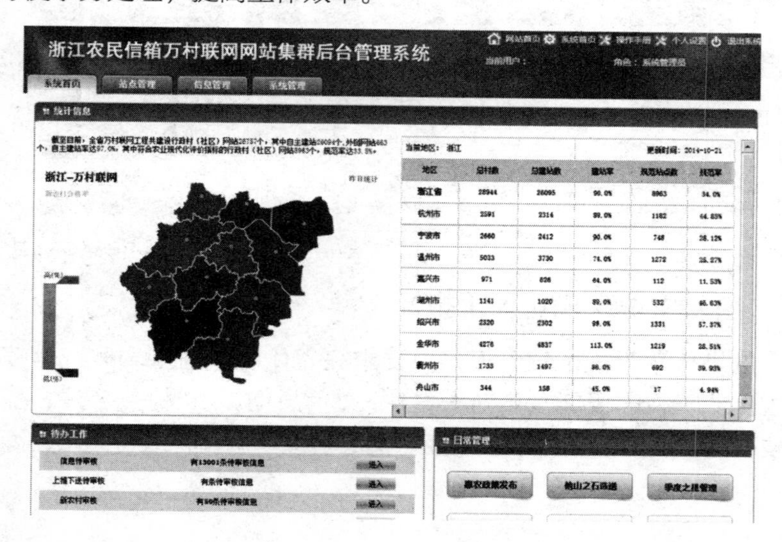

（七）升级村级网站管理后台

村级网站管理后台有信息管理、高级设置两大模块。信息发布无需培训即能操作。高级设置包含站点模板设置、风格设置等，也可由上一级管理员代管。

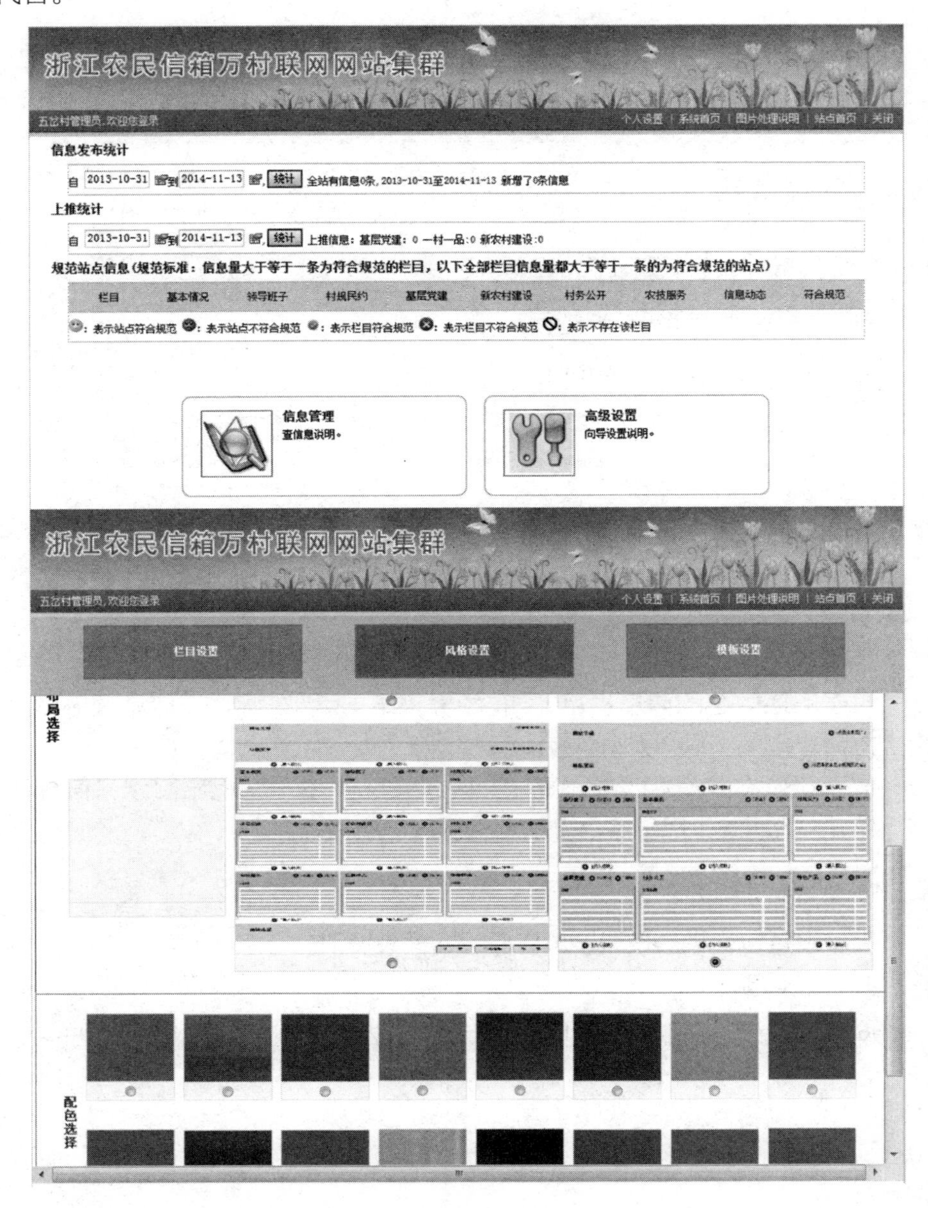

三、村级信息员操作指南

（一）信息管理

进入村网站后台，点击“信息管理”，左侧是栏目可以对信息进行查询、添加，还可进行批量删除。

对于顺序敏感的信息栏目，如“领导班子”，请在调整完信息顺序后点击上方保存排序，否则无法保存。

信息可以在具有相同格式的栏目之间迁移，操作请点击上方“信息迁移”按钮。此功能可用于将信息从老栏目迁往新栏目。

（二）高级设置

高级设置包含栏目设置、风格设置、模板设置。

1.栏目设置

网站栏目分为必选栏目、可选栏目和自定义栏目。

浙江农民信箱万村联网网站集群

五岔村管理员，欢迎您登录　　个人设置 | 系统首页 | 图片处理说明 | 站点首页 | 关闭

栏目设置　风格设置　模板设置

栏目管理　添加

栏目名称	栏目类别	栏目类型	点击数	排序	操作
基本概况	单页图文类	必选栏目	0	10	合并　管理
领导班子	人员介绍类	必选栏目	0	20	合并　管理
村规民约	新闻列表类	必选栏目	0	30	合并　管理
基层党建	新闻列表类	必选栏目	0	40	合并　管理
新农村建设	新闻列表类	必选栏目	0	50	合并　管理
村务公开	新闻列表类	必选栏目	0	60	合并　管理
农技服务	新闻列表类	必选栏目	0	70	合并　管理
信息动态	新闻列表类	必选栏目	0	80	合并　管理

（1）必选栏目：包括基本概况、领导班子、村规民约、基层党建、新农村建设、村务公开、农技服务、信息动态及办事指南等栏目。新建村级网站时，必选栏目会自动产生，系统会尽可能将现有栏目匹配到以上默认栏目中。

（2）可选栏目：包括致富典型、家乡思短、思乡寄语、劳务供需等栏目。

（3）自定义栏目：由各子网管理员根据本村特色自行设置的栏目。

系统提供栏目合并功能，升级后部分栏目由于栏目名称不能识别等原因，系统无法自动匹配到必选或可选栏目，可由管理员手动合并。

2. 风格设置

可选择不同的布局和配色进行模板自定义，点击“确定”即可保存选择。

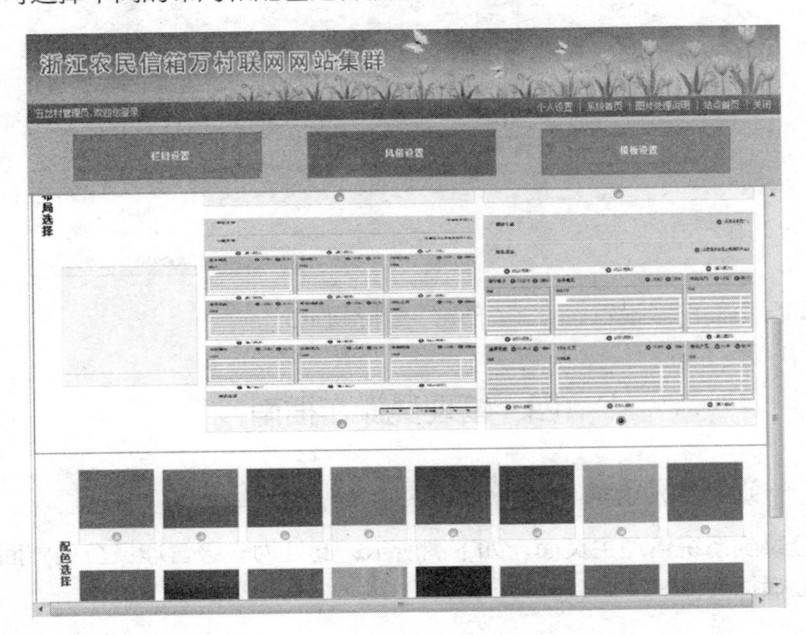

3. 模板设置

只在“风格设置”中选择“非默认模板”时“模板设置”按钮才会出现。可自定义网站风格，点击“生成模板“保存即可；也可以进行自定义的设置，栏目的添加、删除等都可以在页面上操作。设置完成之后点击“生成模板“，否则无法生效。

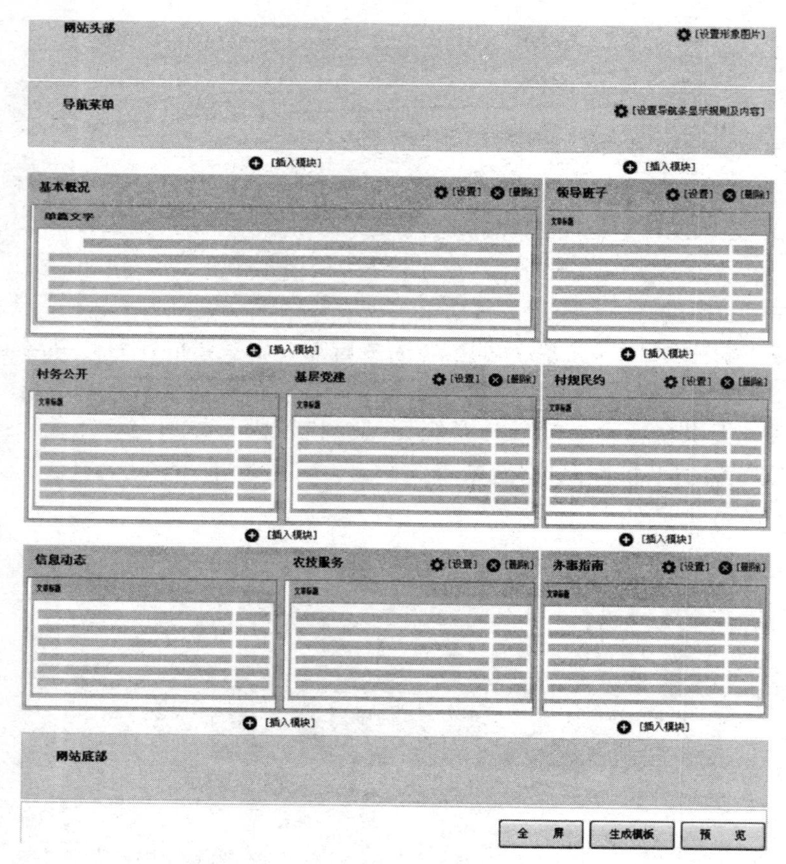

如果页面已经设置，点击“预览”进行预览。

四、管理员操作指南

（一）管理员登录

登录到系统管理主页面。如下图所示，此处为省级管理员登录界面，各市县会根据具体情况调整。

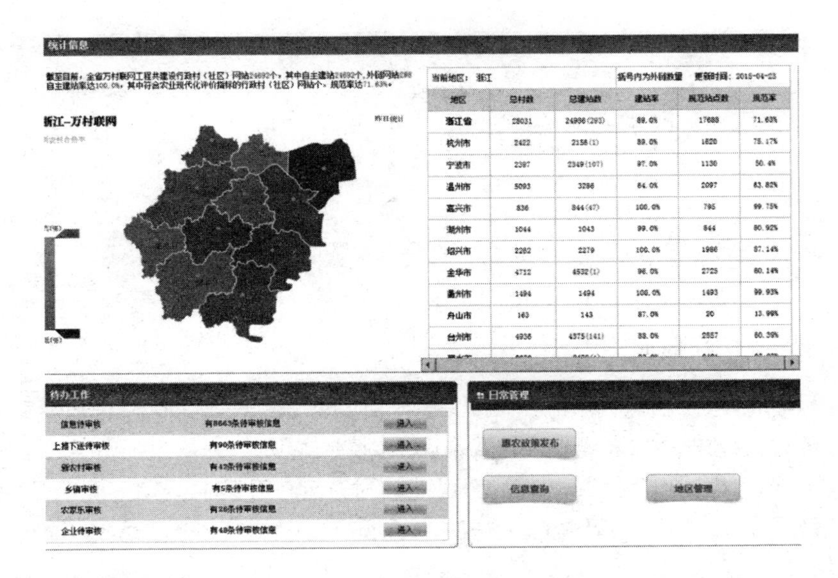

地区	总村数	总建站数	建站率	规范站点数	规范率
浙江省	28031	24986(293)	89.0%	17688	71.63%
杭州市	2422	2158(1)	89.0%	1820	75.17%
宁波市	2397	2349(107)	97.0%	1130	50.4%
温州市	5093	3286	64.0%	2097	63.82%
嘉兴市	836	844(47)	100.0%	795	99.75%
湖州市	1044	1043	99.0%	844	80.92%
绍兴市	2282	2279	100.0%	1988	87.14%
金华市	4712	4532(1)	96.0%	2725	60.14%
衢州市	1494	1494	100.0%	1493	99.93%
舟山市	163	143	87.0%	20	13.99%
台州市	4936	4375(141)	88.0%	2857	60.39%

在主界面中，首先看到统计信息（农业现代化评价指标），下面分别有待办工作和日常管理。

统计信息：显示建站率与规范率，数据一目了然。

代办工作：出现等待处理的工作，直接点击栏目后方的进入图标即可进行事务处理，提高了办事效率。

日常管理：一些日常管理栏目的快捷进入图标统一在此处，点击相应快捷图标即可进入处理相关事务。

（二）“季度之星”

万村联网“季度之星”评选于每季度初进行，绩效测评评选方法请见附件1。

县级推荐功能位于后台站点管理“季度之星”目录下，如下图所示。

市级审核功能界面，如下图。

（三）下辖村管理

万村联网中行政村与村网站是两个不同的概念，只有将村网站绑定到具体行政村，建站情况才能在建站率和规范率上体现。

绑定功能位于后台“站点管理”“下辖村管理”目录中，如下图所示。“下辖村管理”目录只对县级管理员开放，管理员可以进行绑定与解绑操作。

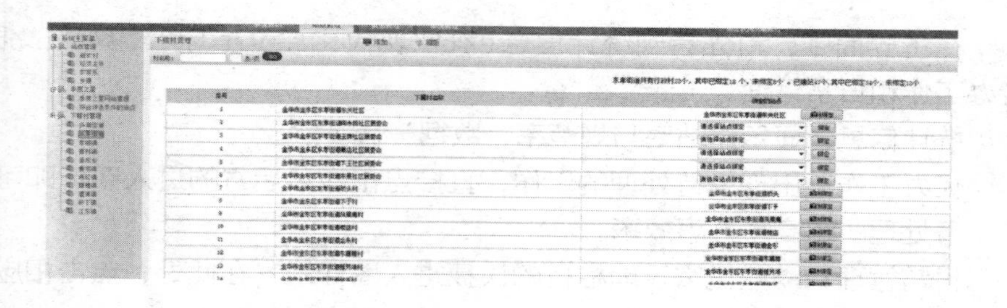

此外，在“下辖村管理”中管理员可以针对辖区内行政村调整情况进行村的增加、删除、修改操作。增加行政村请点击上方添加按钮，删除行政村请点击村名并在弹出对话框中点击“删除”按钮。

（四）信息管理

信息管理包含了待审核信息、已审核信息、上推下送、专题栏目等。如下图左侧所示。

1.待审核信息

所有的待审核信息集中在此处等待进行审核。管理员在审核时请务必留意所属主题(专题)列，只有信息内容与该专题相关时才予以通过。

2.上推下送

上推下送是为了各级地区信息交流方便而设立的。上推栏目有基层党建、信息动态、新农村建设；下送栏目惠农政策。下送可直接在此处添加，信息将自动推送到各个下级地区行政村网站惠农政策栏目中；上推栏目中的信息自动具备上推功能，由村信息员录入时选择是否点击上送选项，如选择则信息将在上级审核通过后显示在网站前台相应栏目。

3.信息查询

如下图所示，默认查询条件为标题、所属站点、所属地区，如需更多查询条件可点击左边的“显示更多查询条件”进行条件更精准的查询。

填写完查询条件之后直接点击后面的“查询”按钮即可，如果查询条件填写错误则可点击“重置”按钮进行重新输入。

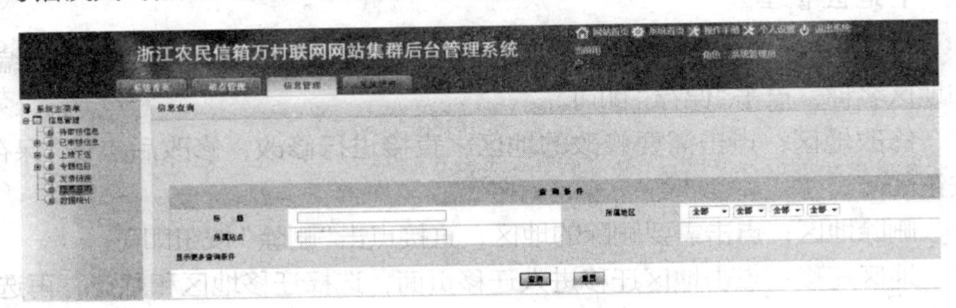

4.数据统计

数据统计分为统计信息发布、统计合格建站、统计新增站点、统计上推下送信息。通用按钮为“查询”和“重置”，如下图所示。

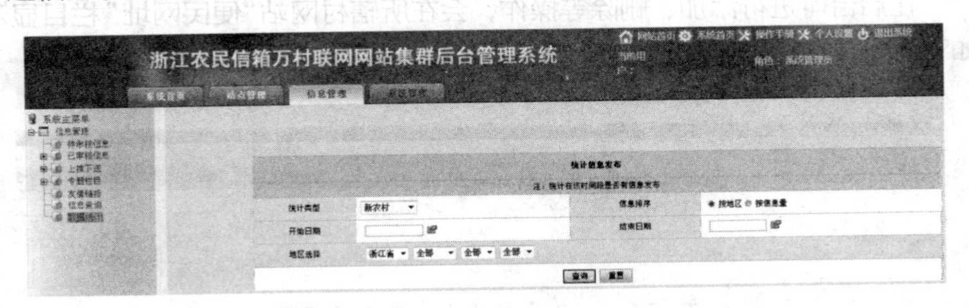

统计信息发布：通过类型、信息排序、地区等条件查询发布的信息。

统计合格建站：通过类型、是否合格建站、地区、信息排序、开始结束日期历来查询建站数据。

统计新增站点：可查询各个时间段内各个站点类型在某地区内的建站量。

统计上推下送：通过站点类型、地区、时间段等来查询上推下送的信息。

（五）系统管理

系统管理包含地区管理、便民网址、用户管理，市级管理员，还包括新农村介绍，如下图所示。

1. 地区管理

添加地区：选择需要添加地区的上一级菜单，添加子地区填写地区编号和地区名称，点击“保存”即可。

修改地区：点击需要修改的地区，直接进行修改，修改后点击“保存”按钮即可。

删除地区：点击需要删除的地区，直接点击“删除”按钮即可。

地区迁移：点击地区迁移进入迁移页面，选择迁移地区和站点，再选择需要迁移到的地区点击“保存”即可。注：此处迁移的仅为网站，不涉及行政村的迁移。

2. 便民网址

在后台可进行添加、删除等操作，会在所辖村网站“便民网址”栏目显示，如下图所示。

便民网址 添加 | 删除 | 刷新

序号	名称	添加时间	添加人	是否显示

3. 用户管理

用户管理　添加　审核　删除　刷新　重置密码

帐号或姓名：　审核状态 请选择　所属地区：全部 全部 全部 全部　用户角色 请选择

序号	帐号	姓名	地区	用户角色	联系电话	审核状态	添加时间
1	xjyh	县级用户	杭州市下城区	县级管理员	14567834567	已审核	2014-10-31
2	nj330103	下城区农技推广人员	杭州市下城区	县级管理员		已审核	2009-03-25

共2条记录 分1页显示 当前第1页　首页 上页 下页 末页 跳转至 页

带审核权限用户可以添加普通县级用户。

添加用户：点击“添加”按钮，在添加用户页面输入账号、姓名等信息，所属地区选择之后会出现相应的用户角色可以选择。信息完整之后点击“保存”即可。如果不想新增用户，直接点击“关闭”按钮即可。

删除用户：选择需要删除的用户，点击“删除”，会弹出“是否确定删除”，“确定”即删除，“取消”则取消当前操作。

重置密码：勾选需要重置密码的账号，点击“重置密码”。

审核用户账号：用户账号需审核后才可登录，勾选需要审核的账号，点击“审核”。

如需重置村网站密码，请在后台站点管理中操作。

4. 新农村介绍

该栏目中添加的信息将展示在市级站点首页新农村介绍中。

（六）建站规范情况管理

可从后台主界面统计信息右侧数据列表，点击各地区名进入。结合农业现代化评价指标对各村级网站进行自动测评，主要测评是否有指定的栏目，且是否进行信息更新。在管理系统醒目位置显示管辖区域内各地区规范情况及各村级网站规范情况。

测评栏目包括基本情况、领导班子、村规民约、基层党建、新农村建设、村务公开、农技服务、信息动态八大栏目。其中，前3个栏目合格标准为有信息即为合格；后5个栏目则需要在年度考核周期内有新信息更新才能为合格。

此处也可进行基本信息修改。

五、“万村联网工程”常见问题

（一）乡镇管理员可以审核村信息员提交的数据吗？

县市管理员可以授予乡镇管理员相应的权限。

（二）信息上推的流程是怎样的？

上推栏目有基层党建、动态信息、新农村建设。信息员发布时可以选择进行上推，上推审批层级只有一层，不存在逐级审核，县管理员和省管理员都可以审核。

（三）消息下送的流程是怎样的？

下送栏目有惠农政策。管理员可以在后台信息管理的相应版块中添加想要下送的信息，则该信息会在该管理员所辖范围内的子网站显示。

（四）发布专题信息的流程是怎么样的？

信息员在发布信息动态时，可以选择是否将该信息发布到“五水共治”“党建园地”或者“电子商务进万村”这几个主题中。专题信息的审核流程与信息上推类似，由县、省两级管理员之一审核后在省主页相应专题栏目中显示。

（五）已经通过审核的信息可以修改和删除吗？

可以。但修改后的信息需要重新审核，没有通过审核的信息会被从网站上撤下。

附件1

浙江省万村联网新农村网站“季度之星”绩效测评方案（试行）

为贯彻落实《浙江省农业现代化评价指标体系》和《加快推进农业现代化三年行动计划》有关要求，提升“万村联网工程”建设质量，决定开展省级万村联网新农村网站“季度之星”绩效测评工作，具体要求如下。

（一）对象标准

1. 对象

参评网站必须符合下列全部条件。

（1）通过浙江省万村联网系统自助建站的行政村（社区）网站，一个自然年度内已获“季度之星”称号少于两次。

（2）达到新农村规范网站要求。即该网站本村基本概况、领导班子、村规民约等3个栏目信息完整；基层党建、新农村建设、村务公开、信息公告、农技服务等5个栏目在本年度有信息更新。

（3）上季度新发布信息在10条以上的村网站根据信息发布数量、质量系统排序，取全县前30名进行推荐。

系统排序规则为：

①单条信息含30字以上的计1条，不足30字的不计条数；

②信息含相关图片的在上一条基础上，按1.5倍计；

③如信息发布数量相同，按照信息发布日期分布多的排名靠前。如A、B两村得分相同，A村的信息发布日期分布在10天，B村的则为5天，则A村排名在B村之前。

2. 标准

网站设计完整，页面布局合理，信息丰富及时，原创程度高，内容图文并茂，运维管护到位，保障机制健全。详见《浙江省万村联网新农村网站“季度之星”参考标准》。

（二）评选程序

1. 时间范围

网站评优时间自2015年起每季度评一次。

2. 评优程序及数量

通过系统自动筛选、县(市、区)级推荐、市级审核、省级复核的方式，每季度评出“季度之星”。

（1）系统自动筛选。后台系统根据前节对象标准中对象所需满足的全部条件自动筛选出前30名网站。

（2）县(市、区)级推荐。各县(市、区)于每季度首月10日以前在系统自动筛选的基础上，管理员登录万村联网“季度之星”推荐后台对上一季度新农村网站进行在线推荐，此外每县可推荐一个不在系统自动筛选的结果内的村网站。每县(市、区)推荐网站不超过限定名额（初始为6个）。以后后台系统将根据前期实际评选结果自动对各县限定名额做适当浮动。

（3）市级审核。市级对各县(市、区)报送网站于20日以前登录万村联网系统后台进行在线审核，排除不合格网站，择优推荐不超过限定名额的网站（初始为市所辖县数的3倍）。以后后台系统将根据前期实际评选结果自动对各市限定名额作适当浮动。

（4）省级复核。省级将对报送网站进行复核。

（5）评优奖励。获评省级“季度之星”的网站将展示在省首页“季度之星”栏目。村网站醒目位置将挂“季度之星”荣誉标志。评优结果将计入浙江“农民信箱”工作考核办法。

（三）有关要求

1.高度重视，共同推进

各地要切实加强组织领导，充分挖掘各类优秀网站，真正把领导重视、发展领先、经济社会效益突出、示范推广性强的网站筛选出来。同时，在当地组织开展形式多样的“季度之星”创建工作，培育一批优秀基层网站，带动更多基层网站提高建站质量，为全面提高万村联网建设水平打好基础。

2.严格把关，及时报送

各地要严格按照评选程序、评选标准，实事求是做好村级网站的推荐和审核工作，及时进行在线操作。对存在首页缺陷(首页栏目信息空缺、图片无法正常显示)、涉及涉密信息等三类问题的网站实行“一票否决”，确保“季度之星”质量。

3.总结经验，推广应用

各地要充分挖掘总结万村联网应用典型，特别是总结提炼万村联网工作在提升基层村务公开和管理、促进农产品网络营销、提供全面准确及时的信息服务等方面的创新做法与工作成效，促进工程广泛推广应用。

附件 2

浙江省万村联网新农村网站“季度之星”参考标准

分类指标		评选标准	分值	评分
总分			100	
基本要求	信息质量	信息要素完整，内容与所在栏目一致，涵盖本村工农业生产、农民生活和新农村建设的各个方面	5	
	信息更新	信息更新及时，有本村原创信息，信息质量较高，非集中发布	20	
	建站效果	版面内容充实，页面协调美观，全面反映本村特色，有效推进基层电子政务建设，在当地万村联网村级子站建设中能起示范作用	5	
信息发布	基本概况	图文并茂，内容充实，发布本村人口、面积、耕地、山林、地理位置、交通、经济发展、主导产业、生产产值、人均收入、新农村建设等上一年度或本年度总体信息	3	
	领导班子	配备个人照片，有明确的人员分工和真实有效的联系方式等信息	2	
	村规民约	包含财务制度、工作制度、会议制度、合作社制度、保洁制度、调节制度、村联络点服务制度等，修订后信息更新及时	3	
	基层党建	包括政治建设、思想建设、组织建设、作风建设、制度建设、反腐倡廉建设等，信息内容更新及时	5	
	新农村建设	配备图片，包括村庄整治规划、整治前后对比、工作方案、计划总结等，信息内容更新及时	6	
	村务公开	包括事务、项目和财务三公开，信息内容更新及时	14	
	农技服务	发布与本村农、林、牧、副、渔业相关的农业技术、病虫害防治、农产品加工和市场预测分析等信息，信息内容更新及时	9	
信息发布	信息动态	根据需要配备图片，发布本村范围内发生的各种事务、活动、节庆、创新和村民所关心的热点话题等即时信息，信息内容更新及时	10	
	其他可选栏目或自定义栏目	根据村具体情况和特色开设的栏目，能够更好地反映村的特色，信息详实及时，图文并茂，特色鲜明。信息内容更新及时	8	
保障机制	人员配备	配备一名操作熟练的专（兼）职村级网站信息员，具有较强的事业责任感和较高的信息采、编、发能力	2	
	配备装备	配有专门用于网站维护的计算机、数码相机和宽带接入	2	
	制度建设	制定一套相应的村级子站信息发布维护制度	3	
	安全保障	信息真实可靠，严格遵守国家有关信息安全规定，不侵犯知识产权，不涉及商业秘密和个人隐私	3	

第四章　浙江“农民信箱”常用问答

一、如何申请注册成为浙江“农民信箱”用户？

省、市、县(市、区)各级政府、涉农部门、乡镇基层政府领导和工作人员，各级农(林、牧、渔)技推广机构服务人员，各行政村班子全体人员，各涉农企业管理人员、农民专业合作人员，农村种养大户、农产品营销大户，普通农民，农贸市场经销户，以及超市、酒店、食堂等采购人员均可申请注册使用“农民信箱”。申请者可以登录“浙江‘农民信箱’”(http://www.zjnm.cn)进行自助注册，由各级农业部门管理员审核账户后，方可使用“农民信箱”。您也可以拨打“农民信箱”管理员电话进行注册咨询。在信箱内，您有问题也可以直接发信给各级联络信箱。“农民信箱”注册用户使用“农民信箱”接收、发送信件和手机短信全部免费。

二、如何登陆浙江“农民信箱”？

在浏览器地址栏输入域名：http://www.zjnm.cn，再输入用户名和密码，点击“登录”按钮，即可登录“农民信箱”。

三、为什么第一次登陆一定要修改账号信息？

管理员开通用户账号后，其账号默认为用户的身份证号，默认密码为六位的出生年月日。为了增加安全性，防止他人登录，希望用户初次登录后必须修改用户名和密码，可以用自己的汉字姓名，也可用姓名的拼音，也可输入任意的字母或数字。

四、忘记账号密码该怎么办？

如果您忘记了账号和密码，可以登录浙江“农民信箱”首页进行“找回密码”操作。或者，您可以与当地农业部门联系，获取账号或新的密码。

五、如何修改个人信息？

用户登录后，通过“个人信息维护”，可以修改“用户名”“密码”“手机号码”“从事专业”“职称”“单位”“住址”“邮编”“固话”“个人简介”等信息，如果需要修改“姓名”“用户类别”“邮件权限”等信息需要与当地管理员联系。

六、用户离开计算机一段时间，回来重新操作，系统跳到登入界面？

鉴于系统的安全性考虑，当用户长时间不操作系统时（20分钟），系统自动退出。

七、如何发送买卖信息？

系统中的所有用户都可以在“农民信箱”里发布买卖信息，如果用户要发布买卖信息，可以在商务信息版块里面的买卖信息中的“发布卖出信息”或“发布买进信息”。

信息包括了名称、种类、数量、价格、图片和说明等内容，用户根据需要如实填写。

货物的数量需要填入一个有效的数字，对于每种货物都有不同的标准计量单位，计量单位会随着货物种类的改变而自动改变。

货物的价格分为三种：单一价、区间价、面谈价。如果选择单一价，则允许输入一个确定的价格；如果选择区间价，则需要输入价格的范围；如果选择面谈价，则无需输入价格。

为了符合农产品的实际情况，货物的出售时间分为常年销售和季节性销售，如果是季节性的农产品，则可以输入未来上市的时间区间。出售地点是指货物的提货地点。

如果有条件的话可以为自己的商品配一幅图片，可以更加直观地展示商品。

如果系统以上信息还不足以描述清楚货物的情况，那么，可以在货物说明框中输入更详细的信息对货物进一步说明。

表单填写完成之后点“发送”按钮来提交，提交之后信息不会立即显示，而是先提交管理员审核，信息审核完成以后，买卖信息自动分类到相应的位置显示。

如果在信息填写过程中，出现临时性事务，可以点击“保存为草稿”按钮，将当前编辑的内容保存起来，便于下次修改完善后再发布。

八、如何查看买卖信息？

用户需要查看买卖信息，可以点击买卖信息对接按钮进入买卖信息对接模块进行浏览，买卖信息对接模块以一览表的方式，汇集最大的信息量，从总览角度对买卖信息进行显示。可按商品分类或按行政区域进行等上述多种方式排列总览，最大限度地方便农民实现信息的对接。

买卖信息对接模块的缺省界面延续原来“买进卖出信息”功能的界面布局，采用买进卖出信息分左右列表的显示方式，并按照信息的审核时间倒排，越是最新发布的信息，排得越靠前。一页显示买进卖出信息各20条，若显示不下，则点击“更多…”分页显示所有符合条件的信息。

用户可以根据地区名称的导航，点击则显示该地区的买卖信息，用户可以选择按列表还是按图标排列，系统还提供了“按时间顺序排列”“按点击次数排列”“按商品名称排列”“按价格排列”等排列方式，用户也可以分别按照主题、发布人等方式按关键字查找，也可以按专业类别进行过滤，更大限度方便了信息的对接。

点击某条具体的信息，则显示该买卖信息更详细的情况。该页面的显示内容进一步丰富，可以自动提取货物的数量、价格、出售时间、出售地点、品牌、质量、规格、包装等详细信息。如果对这条信息感兴趣，还可以直接与联系人联系沟通。

九、如何使用掌上"农民信箱"？掌上"农民信箱"有什么基本功能？

打开浙江"农民信箱"（http://www.zjnm.cn），在登录页面扫一扫掌上"农民信箱"二维码，即可下载使用掌上"农民信箱"。

掌上"农民信箱"与网页版"农民信箱"功能基本相同，主要分个人信箱、在线聊天、工作圈、政务信息、农业咨询、商务信息、订阅、应用和个人中心9个主要模块。其中，个人信箱、在线聊天和工作圈模块，用户之间可以使用掌上"农民信箱"进行沟通交流。政务信息、农技咨询、商务信息模块，用户可以获取最新的农业资讯、咨询农技专家、了解最新电子商务概况。用户可以按照自己的需求订阅系统推送的信息，系统还会推荐一些优秀的应用供用户下载使用。个人中心模块用户可以进行账户信息修改等操作。

十、"每日一助"是怎么回事？如何申请？

"农民信箱""每日一助"农产品供求信息服务活动（简称"每日一助"服务），是县级以上"农民信箱"系统管理人员，利用"农民信箱"电子信息平台，以手机免费短信群发形式，每天为"农民信箱"注册用户发送一条农产品供求信息的服务活动，帮助农民推介特色农产品，进一步拓展农产品销售渠道和市场，衔接农产品供需，提高经营效益，促进持续增收。

"每日一助"农产品供求信息，主要是县级以上"农民信箱"系统管理人员根据各自管理层级，从上一日农产品买卖信息中，筛选一条相对有价值、急需广为发布的信息，以"农民信箱"系统管理人员的名义，通过手机短信形式，根据短信内容，向各自管理的"农民信箱"目标用户群体进行群发。

十一、"每日一助"服务发布信息要收费吗？

"每日一助"服务的信息发布，遵循公开、公正、公平的原则，平等地为广大"农民信箱"注册用户提供服务，不收取任何费用。

真诚欢迎广大农民群众和社会各界共同监督，严防服务活动以各种名义、形式收取或变相收取费用、赞助。一旦发现"每日一助"服务收取任何费用，请向各级农业行政主管部门纪检、监察部门举报、反映。一经查实，将及时制止，严肃查处。

十二、系统使用过程中遇到问题，需要帮助怎么办？

可以就近与乡镇村信息员联系，也可与当地农业部门系统管理员联系，具体联系方式见表（浙江“农民信箱”县级以上联系机构咨询电话）。

浙江“农民信箱”县级以上联系机构咨询电话

浙江省农业厅	王　兵	0571-86757778
杭州市		
杭州市气象局	郭天翔	0571-86053096
杭州市农业局	孙　洁	0571-87024924
余杭区农业局	王　炜 戴　扬	0571-86222564
建德市农业局	辜爱生	0571-64718364
	王　超	0571-64718364
临安市农业信息服务中心	俞　俊	0571-63746256
	顾红英	0571-63733617
桐庐县农业局	袁承东	0571-82623493
江干区农业局	杨婷婷	0571-86974814
萧山区农业局	董杭杰	0571-82623551
滨江区农业局	俞丹丹	0571-87702109
拱墅区农业局	陈　琴	0571-88259655
西湖区农业局	唐建华	0571-85121111
淳安县农办	商建宏	0571-65025757
	蒋淑君	0571-64813032
富阳市农业局	金小华	0571-63373249
下城区经贸旅游局（农业局）	胡耀平	0571-85835030
宁波市		
宁波市农业局	孙金水	0574-87119712
宁波市农业局	张辉	0574-87183097
余姚市农业信息中心	刘君杰	0574-62832667

鄞州区农林局	叶善鸿	0574-88101549
镇海区农业局	袁登峰	0574-86279001
北仑区农林局	贺燕丽	0574-86782335
江北区农林水利局	段俊彦	0574-87668764
宁海县农林局	王晓静	0574-65203921
奉化市农林局	毛龙飞	0574-88518176
象山县农林局	肖灵亚	0574-65763431
慈溪市农业局	孙科杰	0574-63989906
	温州市	
温州市农业局	陈丽芬	0577-88966791
鹿城区农林水利局	余海挺	0577-88271841
龙湾区农林水利局	潘国义	0577-86962000
瓯海区农林渔业局	卢中秋	0577-85255102
洞头县农林水利局	甘君临	0577-63484780
永嘉县农业局	李育群	0577-67222629
平阳县农业局	林　锋	0577-63713100
苍南县农业局	苏传河	0577-64774100
文成县农业局	刘建华	0577-59029728
泰顺县农业局	蔡伟峰	0577-67595157
瑞安市农业局	潘陈祥	0577-65888100
乐清市农业局	吴素鹏	0577-61880287
	嘉兴市	
嘉兴市农经局	郭建明	0573-82872527
南湖区农经局	杨卫景	0573-82842191
秀洲区农经局	梁　威	0573-83677719
嘉善县农经局	叶小丽	0573-84020243
平湖市农经局	陶海峰	0573-86112120
海盐县农经局	徐正红	0573-87297991
海宁市农经局	谢引宝	0573-85108720
桐乡市农经局	夏建兴	0573-88112953
	湖州市	
湖州市农业局	邱 芬	0572-2074458
南浔区农林发展局	高元明	0572-3023970
吴兴区农林发展局	钱小丹	0572-2551722
德清县农业局	汪春云	0572-8062923
长兴县农业局	宁利根	0572-6035232
安吉县农业局	游继芳	0572-5123414

开发区社发局	张小田	0572-2668208
度假区社发局	蒋仕斌	0572-2159211
绍兴市		
绍兴市农业信息中心	马国江	0575-85168073
越城区农林水利局	陈敏菲	0575-88316939
嵊州市农业局	王化秋	0575-83186864
上虞农业信息中心	沈正江	0575-82191282
新昌县农业局	杨少英	0575-86022110
诸暨市农业信息中心	蒋仕杰	0575-80703792
绍兴县农业局	邵志祥	0575-84126198
金华市		
金华市	钭一土	0579-82136787
	杜美丹	0579-82136787
金东区	沈　源	0579-82192033
婺城区	章杨倩	0579-82313973
兰溪市	曾祥明	0579-88899767
	吕华巧	
东阳市	徐巧英	0579-86655870
	吴红平	0579-86650717
义乌市	金云菊	0579-89980086
永康市	徐伟龙	0579-87183384
浦江县	潘青仙	0579-84110110
	薛振强	0579-84109122
武义县	卢巧爱	0579-87666090
磐安县	孔惠东	0579-84665110
衢州市		
衢州市农技110	郭红明	0570-8018677
衢州市农技110	姜丽英	0570-8018055
柯城区农业局	郑开良	0570-3051110
衢江区农技110	郭顺辉	0570-3679110
江山市农技110	杨远晶	0570-4021481
常山县农业局	宁玮锋	0570-5016110
开化农技110	邹志明	0570-8831010
龙游县农技110	陈宏伟	0570-7018110
舟山市		
舟山市农林局	张益俊	0580-8176735
定海区农林局	王佳颖	0580-2042606

普陀区农林局	缪凯申	0580–3805251
岱山县农林局	方建军	0580–4406355
嵊泗县农林水利局	董惠娜	0580–5083285
台州市		
台州市农业局	林 国	0576–88595163
临海市农办	翁 羽	0576–85331311
黄岩区农业局	王 勇	0576–84120765
路桥区农林局	阮丹萍	0576–82408110
天台县农业局	杨呈方	0576–83911029
三门县农业局	高 垒	0576–83360110
温岭市农林局	王灵燕	0576–86117110
椒江区农业林业局	盛 云	0576–88898129
玉环县农业局	陈涵丰	0576–87278433
	胡 丹	
仙居县农业局	王 珺	0576–87776996
丽水市		
丽水市农业局	廖小丽	0578–2026752
莲都区农业局	姚建宏	0578–2124110
龙泉市农业局	蔡 欣	0578–7113110
青田县农业局	王卓雄	0578–6802110
云和县农业局	朱海平	0578–5133410
松阳县农业局	王世英	0578–8010110
景宁县农业局	梅剑峰	0578–5085110
遂昌县农业局	刘一丰	0578–8131110
缙云县农业局	张晓玲	0578–3144110
庆元县农业局	陈士平	0578–6121485

第五章　浙江“农民信箱”应用实例

一、“农民信箱”——农民朋友的“空中信息库”

这些天，梁弄镇的养殖户正忙着给畜禽舍内通风换气，他们一边忙着喷洒消毒液，一边赶紧将病死畜禽进行无害化处理，以减少前几天的雾霾天气对畜禽养殖业的影响……一位养殖户告诉笔者：前几天，余姚市畜牧兽医局通过”农民信箱”给我们每一位养殖户发了一条技术指导短信，镇农办技术人员也马上到我们农场开展技术指导工作，“农民信箱”真是“好助手”，信息随时到手，养殖不用再愁。

据了解，“浙江‘农民信箱’工程”是一个由政府主导，集个人通信、电子商务、电子政务、农技服务、办公交流、信息集成等功能于一体的面向“三农”的公共服务平台。自2005年9月在国内率先启动以来，早已成为全省各地涉农朋友们的得力帮手，被各行各业各部门广泛应用于发布农产品买卖信息、传递防灾减灾信息、特殊天气预警和开展技术交流等。尤其是市镇村三级的农、林、水及气象等部门，利用频率甚高。

当前，余姚市“农民信箱”已经拥有注册用户25 343人，用户启用率达到95.02%，其中包括机关人员1 832人、农林水技术人员782人、其他涉农服务人员3 492人、涉农企业人员665人、专业合作社521人、种养专业人员892人、普通农民14 865人、信息员609人。已经逐步构建起一张全市“三农”工作者和农民朋友的信息网络，可以随时随地地分享各类信息。7年多来，全市通过“农民信箱”系统累计发布各类信息65 000余条，其中，公共信息4 500多条、买卖信息12 000多条、各类通知预警交流等信息30 000多条。

说到“农民信箱”,“每日一助”助农增收就不得不提，因为它已经成为农产品销售、“农家乐”推广的空中广播站。2014年，余姚市农业信息中心为进一步发挥“每日一助”农产品供求信息服务功能，对“每日一助”信息发送方式进行了改进提高，取消了以往大范围的群发方式，而是开展分期分群对口服务，取得了较好的成效，大大提高了“每日一助”服务信息的有效性、针对性。如今，全市已经新建了局属单位、乡镇(街道)、行政村行业通讯录3个，包含信息员309人。截至2014年11月底，共发送“每日一助”农产品网络推销类信息151条，助农销售农产品总价值达到500万元。

“农民信箱”不仅能助农增收，还能帮农解愁。2013年第23号“菲特”强台风带来了大风和暴雨，给余姚市农业生产造成了严重损失。为最大限度地减少损失，“农民信箱”又发挥了重要作用，一条简短、精炼的短信犹如一次现场亲身的技术指导，让救灾工作随时开展起来。很多农民朋友都反映，“农民信箱”信息发布及时有用，随手就能看到，方便得很，千万不要小瞧了每天一条信息的作用，它真的是旱时及时雨，灾前防御盾。

（余姚市农业信息中心）

二、浙江“农民信箱”助推采摘游成效斐然

浦江县位于浙江中部，七山一水二分田的地貌成为发展水果产业的有利条件，这些年水果产业发展迅速、百花齐放，水果品种琳琅满目。2014年水果总产值达6.4亿元，在农业中一枝独秀。水果多了，销售压力自然大增。关键时刻，浙江“农民信箱”大显身手，通过“每日一助”发布采摘游手机短信，既解决了水果基地的销售难题，还满足了人们不断增长的物质文化生活需要，实现购销两旺，既有很好的经济效益，也有很好的社会效益，一举两得。

浦南街道盛乐苑家庭农场蓝莓熟了，浙江“农民信箱”浦江联络站全县群发了采摘游信息，前来采摘的游客蜂拥而至，成熟的蓝莓很快就采完了，后面还有很多人只能空手而归。仙华街道里宅60亩(1亩≈667平方米，余同)大棚西瓜上市了，在发布了“每日一助”采摘游信息后，也只坚持了3天，3天后打电话去问，一概回绝，摘没了，要等一段时间才有。农业生态科技示范基地樱桃成熟季，通过浙江“农民信箱”金华市联系站在金华市群发后，持续一个多星期，前来采摘的人川流不息。基地的管理人员笑呵呵地说，我

就坐在门口，只管收钱就行了，一天收入十几万。

2014年，浙江“农民信箱”浦江联络站总共发出了61条采摘游信息，包含了葡萄、桃形李、桃子、瓜蕉、无花果、甜瓜等二十几个大类，以及四十几个品种，帮助销售额达3 000万元以上，成效斐然。不过，与总产值相比还有很大的发展空间，所以，2015年浦江县农业信息中心准备在信息收集上、信息精准发布上下功夫，在宣传发动上下功夫，既要增加信息发布数量，也要提高信息发布质量。努力推动农业局与旅游局展开合作，推出采摘游旅游线路，由点到线，再由线成面，争取让2015年的“农民信箱”助推采摘游活动更上一个台阶，进一步打响浙江“农民信箱”“每日一助”这块牌子，争取更大的成功。

（浦江县农业信息中心）

三、“农民信箱”“每日一助”助推乡村经济

渚山村是长兴县龙山新区的一个小乡村，这里有山有水，环境优美，淳朴的村民世代在这里耕作。俗话说“靠山吃山，靠水吃水”。渚山村有1个近300亩的杨梅基地，但种植户不懂得拓展销售渠道，苗木产品始终没能卖出一个好价钱。但2014年的一条“每日一助”信息却使村里的苗木种植有了全新的改变。

“我抱着试试看的想法，让大学生村官在‘每日一助’平台上发布了一条信息，大致意思就是说我们村里有不同品种的杨梅苗木出售。让我没想到的是，第二天就有很多客户来电咨询，甚至还有很多外地客户赶来我们村里买。”该村党总支书记秦长根说。如今，渚山村苗木的销路已是越走越宽，种植户脸上的笑容也更加灿烂了。

供应量大、上市集中的农副产品，以及保鲜期短、不耐储存的鲜活农产品，是龙山新区不少农业大户的主打产品。但由于这些产品量多、期短，加上一时难以打开市场，农业大户常常会遇到“增产不增收”的情况，这时候，方便、快捷的网络便成为市场推广的好渠道。

“每日一助”实施后，“农民信箱”管理人员可根据农户的需要直接推荐到省、市范围进行发布，进行跨区域发布农产品供求信息。各类农产品展示展销会信息、农产品保护价格和绿色通道等政策信息，也将通过“每日一

助”及时发布。

“这个平台真的太好了，每次遇到苗木需要卖的时候，我都主动通过‘农民信箱’向系统管理员提出要求，帮我群发苗木信息。每次发送之后，都能陆续接到很多客户的电话，苗木的销路基本不成问题。”2014年，龙山新区渚山村的种苗大户周建明聘请了一位免费的“优秀销售员”，那就是“每日一助”。

同样受益的还有龙山新区川步村的苗木大户魏学武。他在川步村种植了150亩的冬枣树苗和龙柏树苗。以前，经常看到别的农户收到买卖苗木的信息，一开始魏学武以为是他们办了个移动公司的收费套餐，后来才知道这是“农民信箱”提供的免费服务。于是他急忙联系了龙山新区经济发展办的工作人员，要求马上开通“农民信箱”，并填写了“每日一助”群发申请，后来果真卖掉了不少苗木。

“每日一助”这个信息平台，如今越来越受龙山新区农民的喜爱。在遇到农产品买卖难的时候，“农民信箱”的一条简单短信就像是一位神通广大的“市场经理”，为农户搭建起了与市场间的一座桥梁，解决农产品难卖的问题。

“虽然现在买卖信息的发布渠道很多，但是，像‘每日一助’这样免费且又有公信力的不多，所以在长兴的种养营销大户中有了不错的口碑。”龙山新区经济发展办“农民信箱”工作人员表示。2013年龙山新区共发布“每日一助”信息45条，反馈联系次数863人次，成交意向金额285万元，比上年增长了12%，创下了历史新高。

（长兴县农业局）

四、“农民信箱”让农民笑颜常驻

伴随着与时俱进的节奏，农业信息化如春风化雨般地进村入户了。而全省“农民信箱”的实施应用，亦柔和地吹拂着宽广无垠的田野，滋润着农民积极生产的心灵，乐开了农民盼望增收的情怀。它，让朴实的农民脸上倍增了烂漫的笑颜！

（一）“农民信箱”让生猪养殖户笑了

在路桥区，有一家颇负盛名的百兴畜禽养殖有限公司，负责人张菊花是农业企业界中的佼佼者，可谓是畜牧养殖业中的女能人、女强者。近几年来，在猪肉价格连续跌涨起伏不定的情形之下，张菊花凭着多年的畜牧养殖经验和市场经验，该养殖公司还是多批次地繁育出了本地小猪，重量一般为25~75千克(50~150斤)。每次，张菊花都要委托路桥区农林局通过“农民信箱”“每日一助”农产品服务平台，宣传小猪上市出售的信息。

回访之时，张菊花总是笑着说起，这批小猪又全已卖完，“农民信箱”的信息宣传效果非常好，小猪已被顾客预订到年底了。而小猪的价格则按如此计算：20千克以下的为450元/只，20千克以上的再加11元/千克(5.5元/斤)。最近一次是2015年的3月，当时黄岩港口、金清、温岭和路桥等地的养殖户来电要求购买的很多。有的购50~60只，有的购200~300只，最少的购买35只。此次因“农民信箱”的信息发送带来成交和意向金额达178万元。张菊花笑说：“以后我有困难就找你们好了，有‘农民信箱’我就不用愁卖不出去。现在我们很满意！”

（二）“农民信箱”让黄瓜种植户笑了

路桥区金清镇黄琅海燕村陈云友种植了黄瓜23亩，于2015年3月成熟上市。经“农民信箱”“每日一助”信息宣传后，外面大商贩要求购买的很多。有一金清人与外地合伙，每天要求批发黄瓜运往湖北3~3.5吨(6 000~7 000斤)。一温岭新湖高桥人也与外地合伙，每天要求批发黄瓜运往南昌2.5~3吨。黄瓜批发价为5.4元/千克(2.7元/斤)，刚开始上市时为10元/千克。陈云友笑着说，“现在是头性瓜，可以生长四性，可以供应到农历六月半。按去年的行情，‘五一’节时黄瓜还很贵为7.4~7.6元/千克”。因供不应求，陈云友拒绝了很多商贩，如一安徽人运往南京的，一黄岩人要求购买几千斤的，都回绝了。

（三）“农民信箱”让大棚安装农户笑了

在路桥区的横街镇湖头村，有个为民温室大棚厂，专业设计安装各种玻璃阳光板、薄膜连栋温室、各种水果花卉药材蔬菜大棚。同时还出售各种大棚配件——钢管、遮阳网和防虫网。负责人吴永斌也非常看好信息化的渠道和作用，近两年来，他要求区农林局通过“农民信箱”“每日一助”农产品服务平台能够经常性地为其宣传推广。

“‘农民信箱’不愧为传递农产品信息的好能手，果然效果很理想，要求安装大棚或改装大棚的很多！”一段时间以来，该公司陆续不断地接到了安装或改装大棚的业务需求。位于路桥金清黄琅金泉农庄内的台州市青少年教育基地，有15亩连体大棚需维修改造，内设有采摘园和实验室，要求在原来的基础上加装一层热镀锌钢材，成为高档大棚，报价为30万元。临海涌泉镇有一处要求新建10亩柑橘大棚，报价为40万元。位于路桥横街镇的一处家庭农场，8亩观光园需新建双层连栋大棚，报价为6万~7万元/亩，总价为40万~50万元。路桥峰江一处种植蔬菜的农户，也要求安装100多亩大棚，洽谈下个月开始动工。吴记斌笑着介绍说，还有三门等地也有农户致电咨询同类安装业务，他感觉“农民信箱”的宣传效应真的非常不错。此次因“农民信箱”的信息发送带来了反馈联系次数达10多人次，成交和意向金额达115万元。

（四）“农民信箱”让外来农民笑了

农业信息化竭诚服务于“三农”，“农民信箱”当然不排除为外地农民来路桥务农经营生产提供相同的服务。外来农民工蒋永斌在路桥区金清镇南梁村种植了135亩草坪和少量苗木，于2015年和2014年4月通过“农民信箱”“每日一助”平台都作了相应的宣传，并意欲承租土地种植更多草坪，表示欢迎洽谈。2014年，各有三门、临海和路桥的园林公司分别来电要求购买3万多平方米、2万多平方米、1万多平方米的草坪，价格为6.5元/平方米，可喜地获得了39万元收入。而2015年，温岭松门一企业购买了2 000平方米，散户零买的都要求购买100~200平方米，共计售出5 000平方米。蒋永斌笑了，他说其他要求购买的很多，但因现货量没这么多，草坪一时间还未完全供货，所以预定下单子，要等到6月份再成交，价格为5.3元/平方米。

（五）“农民信箱”让走出去的农民笑了

本地的土地规模有限，近年来路桥区的农民摸索起了走出去的发展方式。路桥区横街镇百洋村金藤水果专业合作社负责人陈朝梁远去老挝的磨赛省磨昏县，种植起了千亩“甜王”西瓜。凭着多年的经验，他也喜欢自用信息化的渠道，通过“农民信箱”“每日一助”平台宣传其种植的西瓜已上市，欢迎各客商选购。亩产达1~1.2吨（5 000~6 000斤）的千亩西瓜，一段时间下来就全部在国内卖完了，主要运往北京和黑龙江等地。因信息的发送，山东、新疆、云南、宁波等地的市场要求购买的很多，一般都是整车地运货，每车达33吨，共计达600吨。批发价为：开始时为7.2~7.4元/千克（3.6~3.7元/斤），后来为3~3.2元/千克。老陈不由得笑了！

（六）"农民信箱"让"农家乐"笑了

路桥区桐屿街道白墙村位于桐屿街道东北角，东邻新龙岙村，西接共和村，背山面水，阳光充足，地理位置十分优越。全村共有131户，其中，只有15户是本地居民，其余均是大中型水库建设的移民户。全村没有其他产业分布，村民主要从事的职业为务农务工。农业为白墙村的全部产业，是桐屿唯一一个没有工厂企业的村居，没有半点污染，村居环境绿色环保，风景优美，空气清新，充满乡村田园气息，是在城市中每天呼吸着汽车尾气的人们的一大良好清肺养生之去处。

近几年，白墙村移民千方百计探索致富路径，积极开展村庄建设，使原本一穷二白的村庄面貌有了明显的改观。该村移民创业致富示范基地一期工程占地68亩，主要包括休闲生态公园建设、"农家乐"、水上垂钓、休闲区、停车场等建设，总投资499万元。2014年国庆节之际，区农林局通过"农民信箱""每日一助"平台，代为发送了宣传信息：桐屿街道白墙村农家乐内有丰富的农家土菜，并有垂钓、烧烤、游船、棋牌等项目，是节假日朋友相聚的理想选择。

"农家乐"负责人应存福笑着介绍说，国庆期间，每天都有100~200人前来观光、垂钓和烧烤，以及吃农家菜，每天收入达1万元左右，国庆后收入则减至每天4 000~6 000元。因信息发送带来了反馈联系次数达1 000多人次，成交和意向金额达13.5万元。移民逐渐地改善了生活水平，他们也笑了。"农民信箱"也为移民努力实现创业致富梦想而出了一把力。

身在基层服务于农业信息化多年了，能利用科技的形式让农民朋友开心地笑，的确自己也会心地笑了！只有让农民朋友开心地笑，"农民信箱"才是好信箱。而"农民信箱"能否让农民持久永恒地笑，这将成为经久不息的话题和一大考验。愿"农民信箱"继续发挥潜能，进一步服务于"三农"，能让农民笑脸永恒！

（路桥区农林局）

五、"农民信箱"为莲都仙渡桃花节营销造势助农增收

2015年3月25日，莲都区仙渡乡第五届桃花节暨巴比松油画采风活动拉开序幕，活动现场人头攒动，众多游客前来踏春赏花。与往年不同，连续

举办4年的摄影比赛让渡给巴比松油画采风大赛，还特别设置青少年组。周末，大型摇滚、篝火晚会、户外动漫秀、哈雷重机车巡游、定向越野和帐篷露营等吸引年轻人参与的项目还将在仙渡桃花源里精彩上演。

为加大推介力度，莲都区巧用“农民信箱”为“仙渡桃花节”营销造势，在提升品牌形象、促进农民增收上做足文章。3月23日，区“农民信箱”管理员就通过“农民信箱”向全区1.4万注册用户群发了“每日一助”信息：“主题为‘游仙渡花海，观油画写生’2015第五届仙渡桃花节于3月25日开幕，至6月15日结束。仙渡7 000多亩花海欢迎广大市民前往观赏。”据主办方介绍，以往活动大多通过电视、网络等平台宣传，在通过“每日一助”短信告知后，扩大了桃花节的品牌影响力，许多游客慕名而来。“收到短信提醒说桃花节是3月25日起到6月15日止，那我们就抽时间在这期间来，这样不会错过最佳赏花期。”来自市区前去游玩的李女士表示。

外来游客的增多也带动了当地民宿产业的发展。已经在丽水驻守半个多月的湖南怀化学院艺术系讲师刘磊霞带着20多名学生，坐了10多个小时的火车，风尘仆仆来丽水画古村落题材。“我是第一次参加桃花节，感觉仙渡桃花美，古民居更美，在这里作画，学生能增加生活的经验和绘画的质感。”刘磊霞说。

历年以来，莲都区巧用“农民信箱”成功地宣传“桃花节”的一系列活动，共发送活动信息80多条，打造了内容丰富多彩、独具特色的农业节庆品牌，带动“农家乐”及旅游收入600万元，走出了一条产业融合、互促共赢的乡村农事节庆旅游发展新路子。近年来莲都区摄影比赛、品尝“农家乐”、定向运动等“桃花节”活动内容还被中国网、浙江在线、新浪网、新华网以及丽水本地电视台、丽水日报、处州晚报等官方新闻媒体转播报道，“仙渡桃花节”品牌逐渐深入人心。

（莲都市农业信息中心）

六、青田农业信息化推荐年货产品尽显风采

2015年2月，农历十二月期间，青田县农业局科技发展中心结合工作实际，运用“农民信箱”“每日一助“功能，联合浙江省农业厅宣传部门和青田农业局官方认证微信公众号“浙江农业”“青田农业”推出青田年货推荐活动，

组织青田农业龙头企业、农户筛选出优质特色农产品，抓住了群众置办年货的商机，取得了销售额近70万的喜人成效。

青田县农业龙头企业红月亮农业开发有限公司（酱板鸭）、浙江草苗食品有限公司（青田糖糕）、八品源粉干、昆冈粉干取得了近55万元的销售额，另外万山乡光乍坑村6户村民家养的20余头土猪销售情况异常喜人，不仅本村的土猪销售一空，还从周边村拉了一大批土猪。有客户直接开车上山实地察看后，买下一整车的土猪，客户非常大方地加价3.5元/千克，要求生猪屠宰后直接装车运走，给当地农民朋友送上了近15万元的大额春节红包。本次推送活动中，也有两个产品乏人问津，销售寥寥，分别是高价的90元/千克（45元/斤）山茶油、300~500元/盆的铁皮石斛盆栽。

青田年货推荐活动大获成功，为农历春节添加了一份喜气。“农民信箱”“每日一助”将青田年货信息发送到用户手机上，“浙江农业”“青田农业”官方认证微信同步推荐，扩展了互联网销售方式，联系青田农业龙头企业远在杭州、萧山的销售点，融入线上销售线下配送的理念，着实让青田年货农产品火了一把，为青田年货农产品夺得优质、有特色的品牌口碑。关键是为青田农产品能够走出去，提升市场占有率，为青田农业企业、农户增收奠定扎实的基础。

深入分析本次活动的具体情况，销售情况两极分化，一头火热，一头萧瑟，究其原因还是在是否贴近普通群众的需求上。农业龙头企业的糖糕、粉干、酱板鸭都是家庭常备食品，逢年过节都会置办一些，而高山土猪是优质的生态食品，再加上各家各户也有在春节期间贮备一个猪腿，以招待宾客的习惯。而当地农民也比较朴实，定价合适，很快就抢购一空，这样也才会有客户认同，觉得物超所值，还要加钱买的，不占农民朋友便宜。茶油和铁皮石斛的定价极高，属于农产品里面的高档奢侈品，脱离了群众的需求，销售当然也就差多了。

总结本次活动的成果，在今后的农业信息工作中，将更加注重信息资源的共建分享，不能单打独斗。资源的整合利用，往往都不仅仅是1+1=2的，会给我们带来意外的惊喜。同时也要指导农业主体、普通农户要以市场需求为导向，生产优质、生态的产品，响应政府号召，农产品也要走群众路线。

（青田县农业信息中心）